软枣猕猴桃雌（右一）、
雄花（右二）对比

雄株花蕾

猕猴桃雌、雄同株

遮阳网

T 型架

新建园

意大利容器苗建园

多雨地区猕猴桃园

铁篱寨防风墙

清耕园间作

幼苗固定

秋季实生苗嫁接，翌年春开花

嫁接愈合状

旋耕机旋耕

疏 果

套袋对比

树干涂白

采收（智利）

春季伤流

春季叶片发红

碱性土壤缺铁黄化

畸形花

畸形果

藤肿病

猕猴桃新优品种配套栽培技术

主　编
齐秀娟

编著者
金　豹　徐善坤　张威远
陈锦永　顾　红　梁　建
林苗苗　魏世忠　于巧丽
刘丽锋　张　洋　胡清坡

金 盾 出 版 社

内容提要

本书由中国农业科学院郑州果树所的老师们编写，全面系统地讲解了近年猕猴桃的新优品种及其配套栽培技术。内容包括：概述，优良新品种，生物学特性，科学建园，果园土肥水管理，花果管理，整形修剪，主要病虫害及其防治，果品采收与商品化以及猕猴桃休闲果园建设等。本书所述技术点具有先进性和实用性等特点，可供果农以及农林院校的相关专业师生阅读参考。

图书在版编目(CIP)数据

猕猴桃新优品种配套栽培技术/齐秀娟主编．—北京：金盾出版社，2015.1(2019.1 重印)

ISBN 978-7-5082-9730-9

Ⅰ．①猕…　Ⅱ．①齐…　Ⅲ．①猕猴桃—果树园艺　Ⅳ．①S663.4

中国版本图书馆 CIP 数据核字(2015)第 237042 号

金盾出版社出版、总发行

北京市太平路 5 号(地铁万寿路站往南)

邮政编码：100036　电话：68214039　83219215

传真：68276683　网址：www.jdcbs.cn

北京军迪印刷有限责任公司印刷、装订

各地新华书店经销

开本：850×1168 1/32　彩页：8　印张：6.25　字数：151 千字

2019 年 1 月第 1 版第 4 次印刷

印数：10 001～13 000 册　定价：21.00 元

目录

第一章 概 述

一、猕猴桃营养

猕猴桃被认为是营养最全面的水果之一，其营养方面主要体现在以下方面。

（一）维生素含量

水果的营养价值主要体现在各种维生素的含量方面。维生素C具有抗癌和降低血液、肝中脂质的作用，而猕猴桃中的维生素C含量号称水果之王。猕猴桃所含维生素C在人体内利用率高达94%，一个很小的猕猴桃鲜果即可满足人体一天对维生素C的需求。不同类型猕猴桃的维生素C含量不尽相同，徐小彪（2006年）等研究认为，阔叶猕猴桃、河口猕猴桃以及毛花猕猴桃是维生素C含量最高的猕猴桃品种，其含量分别为9 398～21 400毫克/千克、13 500～16 368毫克/千克、5 689～11 370毫克/千克。据报道，普通商业化栽培的中华猕猴桃和美味猕猴桃，每千克果肉含维生素C 1 000～4 200毫克，是柑橘的6～11倍、苹果的20～80倍、梨的30～140倍。国外主栽的海沃德品种在新西兰的栽培条件下，鲜果肉维生素C含量为800～1 000毫克/千克；但在我国的栽培条件下，其含量一般低于500毫克/千克。我国近几年培育的品种维生素C含量都很高，如毛花猕猴桃华特为6 280毫克/千克，中华猕猴桃源红为2 040～2 580毫克/千克，美味猕猴桃红什1号为1 471毫克/千克。另外，猕猴桃果实还含有其他种类的维生素，如

维生素 B_1、维生素 B_2、烟酸（维生素 pp）、维生素 B_6、维生素 A 等。

（二）矿质营养元素

猕猴桃果实中含有多种人体需要的矿质元素，特别是人体必需元素钙、铁和锌等。猕猴桃品种间各种矿质元素含量也有不同，其中差别较大的为钙、磷、铜和锰等，其相差均在 3 倍以上。研究表明，猕猴桃果肉中磷、铁和钾含量较其他水果高，而钙和镁等含量则较低。其中，磷含量比香蕉高 23.4%～66.2%；铁含量为苹果、梨和葡萄等水果的 2～3 倍；钾含量仅次于香蕉和杏。根据新西兰分析结果，猕猴桃每千克鲜果肉含钙 160～510 毫克、铁 2～12 毫克、锌 0.8～3.2 毫克、钾 1 760～1 850 毫克、钠 28～47 毫克、氯 390～650 毫克、锰 0.7～23 毫克、镁 100～320 毫克、硫 160 毫克、铜 0.6～1.6 毫克、硼 2 毫克。

（三）保健功能

第一，猕猴桃除了含有丰富维生素 C 而表现为防癌、抗癌的作用以外，它含有的谷胱甘肽，还可抑制癌症基因的突变，对肝癌、肺癌、皮肤癌、前列腺癌等多种癌变细胞都有一定的抑制作用。

第二，猕猴桃含有大量的天然糖醇类物质肌醇，能有效地调节体内糖代谢、细胞内激素水平和神经传导，对预防糖尿病和抑郁症有独特功效。

第三，猕猴桃含有精氨酸，精氨酸作为一种条件性必需氨基酸，不仅是机体蛋白质的组成成分，而且是多种生物活性物质的合成前体，在细胞分裂、伤口复原、排出氨、免疫功能、分泌激素等方面都有重要作用。

第四，猕猴桃含有丰富的叶酸，叶酸参与氨基酸代谢、核酸形成，有助于预防神经管缺陷；叶酸是胎儿生长发育不可缺少的元素，孕妇需适量补充。

第五，猕猴桃含有丰富的叶黄素，叶黄素可以增强眼睛免疫力，是眼睛健康不可缺失的重要物质，一旦缺失必会引起眼底疾病。

第六，猕猴桃含有多种抗氧化活性物质，包括酚类物质、维生素C、类胡萝卜素和维生素E等，其中抗氧化活性最大的酚类物质和维生素C，可通过抑制氧化连锁反应清除自由基，延迟或抑制油脂等的氧化。

第七，猕猴桃病虫害少，使用农药较少，属于极少数的没有农药污染的无公害果品。

北京市农林科学院林业果树研究所李文生等(2012)对市场上售价差异悬殊的各类型猕猴桃进行了主要营养指标的品质分析。结果显示，国产红色果肉、进口黄色果肉猕猴桃的营养品质优于绿色果肉品种。在绿色果肉品种中，进口绿色果肉优于国产绿色果肉品种。猕猴桃高价格中蕴含着高品质，也体现了优质优价的市场原则。

二、猕猴桃产业基本情况

(一)世界猕猴桃产业发展概况

1. 产量 根据第八届国际猕猴桃会议(2014年，四川蒲江)资料，国际猕猴桃组织统计2013年世界猕猴桃产量前十名的国家依次为中国、意大利、新西兰、智利、希腊、法国、日本、伊朗、美国和韩国。这10个国家的猕猴桃产量占世界总产量的97.7%，其中前5名就占世界总产量的89.1%，具体到各个国家，则中国占世界总产量的45.3%、意大利占16.8%、新西兰占12.4%、智利占8.4%、希腊占6.2%。其中，国际猕猴桃组织估算中国产量为1 100 000吨，世界同年总产量为2 428 000吨。

2. 品种结构 目前种植的猕猴桃品种，从果肉颜色来看主要包括绿肉、黄肉以及红心类型。根据国际猕猴桃组织估计，2013 年采收的猕猴桃从果肉颜色来看，除中国以外世界其他国家绿肉品种产量 1 269 000 吨，占世界总产的 95.6%；黄肉品种产量 58 000 吨，占中国以外世界总产的 4.4%。根据 2014 年 7 月 31 日《猕猴桃植株健康及溃疡病统计报告》资料，2014 年新西兰猕猴桃品种面积绿肉品种海沃德为 8 794 公顷，占总面积的 64%，Zesh004 绿肉 14 号 290 公顷，占总面积的 2%；黄肉品种 Hort16A 620 公顷，占总面积 5%，Zesh002 黄肉 3 号 3 863 公顷，占总面积的 28%，Zesh003 黄肉 9 号 161 公顷，占总面积的 1%。现在种植的 3 863 公顷的 Zesh002 黄肉 3 号很少进入结果期，产量仅为 7 500 吨，到 2018 或 2019 年，有望达到 16 万吨。另外，黄肉品种 Hort16A 2011 年的面积 2 589 公顷、产量 95 590 吨；2012 年下降至面积 2 230 公顷、产量 80 000 吨；2013 年下降至面积 1 056 公顷、产量 35 520 吨；到 2014 年其面积仅存 620 公顷。该品种产量、面积迅速下降，主要是其本身高度不抗细菌性溃疡病而导致的大量毁园、砍伐造成的。

2013 年意大利绿肉主栽品种仍为海沃德，栽培面积 25 800 公顷，占总量的 94%，另外有 276 公顷 Summer 3 373；510 公顷黄肉品种金桃、388 公顷 Soreli，200 公顷 Zesh002 黄肉 3 号以及 80 公顷 Hort16A。

智利猕猴桃绿肉主栽品种也是海沃德，目前有 9 323 公顷，占总量的 85%，其他绿肉有 230 公顷夏 3 373 以及 34 公顷绿色光；80 公顷黄肉猕猴桃 Hort16A、400 公顷金桃、175 公顷 kiwi kiss、200 公顷 Zesy002（黄肉 3 号）。

（二）中国猕猴桃产业发展概况

1. 产业发展规模 我国猕猴桃商业化栽培起始于 20 世纪 70 年代，它虽被列为小宗果树作物，但发展迅速。1978 年我国猕猴桃种植面积不足1公顷，到1990年总种植面积增长到4 000公顷，1996年达4万公顷，2002年5.7万公顷，截至2013年年底，全国猕猴桃栽培面积约为11万公顷。仅从2002年到2013年，中国猕猴桃种植面积就增加了93%。

我国目前约有20个省(直辖市、自治区)发展猕猴桃，但集中种植地在陕西、四川、湖南、浙江、江西、河南、贵州、广东、湖北等省份。按产量计算，根据第八届国际猕猴桃会议统计数据，2013年，上述几个省份猕猴桃产量占全国总产量的97%。其中陕西600 000吨，占全国总产量的48.5%；四川173 000吨，占14.0%；湖南113 650吨，占9.2%；浙江80 750吨，占6.5%；江西75 000吨，占6.1%；河南68 800吨，占5.6%；贵州39 670吨，占3.2%；广东28 180吨，占2.3%；湖北20 000吨，占1.6%。

2. 品种结构 中国是绝大多数猕猴桃属种质资源起源地。目前世界各国种植的猕猴桃主栽品种，几乎全部来源于中国的野生资源。中国丰富的种质资源是解决目前猕猴桃品种过于单一的基础，受到了各国研究者的青睐。

猕猴桃新品种是商业化栽培及产品优质化的源头。近年来我国新品种研发呈现领先势头，如翠香、皖金、晚红、红宝石星的选育成功及示范性推广逐步形成了猕猴桃市场中绿果、黄果、红心以及不用去皮、后熟的即食型果实并存的多样化格局。我国在猕猴桃遗传资源发掘及其新品种选育的成就，对国际猕猴桃科研及产业发展，以及世界猕猴桃产业的可持续发展具有极其重要的意义。

按目前的果实颜色类型来看，中国绿肉品种占总产量的75.3%；黄肉品种占7.7%；红心品种占8.1%；其他，如毛花猕猴桃和软枣猕猴桃等共占8.9%。绿肉品种主要包括海沃德(33.1%)、秦美(12.2%)、徐香(12.1%)、米良一号(7.3%)、金魁(4.7%)、贵长(1.6%)、哑特(1.5%)、布鲁诺(1.2%)、武植三号(0.9%)、翠玉(0.7%)。产量排名前三位的海沃德、秦美、徐香品种都存在各自的优缺点。例如,海沃德是我国引进新西兰的一个主栽品种,该品种优点是果实耐贮性好、果形端正;缺点是早果性和丰产性差、果实偏酸、高度不抗溃疡病、维生素C含量较低等。秦美的优点是早果性、丰产性、抗逆性、抗寒性、耐瘠薄性和耐土壤高pH值等综合评价居我国选育的所有品种之首,是我国北方半干旱地区最受欢迎的品种;该品种最大的缺点是果形差、果味偏酸。徐香则综合品质优良,但存在单果重较小的问题。

近年来,黄肉和红心猕猴桃深受消费者的青睐,价格居高不下。黄色果肉主要包括华优、金艳、金丰和Hort-16A等;红心品种主要指红阳,目前已占总产量的8.1%。这些品种在国内市场售价可达10～30元/千克。总体来看,上述品种比例仍然较小,并且也存在一定的缺点。例如,红阳存在果实偏小、风味偏淡、不耐贮运、适应性差、不抗溃疡病等问题;该品种在河南、陕西等地栽培存在红色性状不稳定、果实小、早期长势弱、适应性较差等缺点,在浙江等南方地区栽培由于花期较早往往会遭遇倒春寒的危害。近十年来,猕猴桃种植品种结构也发生了一定变化(表1-1)。

表1-1　中国猕猴桃种植面积变化　(2002—2013)

品　种	2002年(公顷)	2013年(公顷)	变化(%)
海沃德	7580	28730	280
徐　香	850	9830	1156
秦　美	17480	8170	−53
米良一号	5500	6500	18
金　魁	2340	3560	52
金　丰	2720	700	−74
红　阳	2180	16630	663

数据来源:第八届国际猕猴桃会议(2014,四川蒲江)

3. 产业化水平 近年我国猕猴桃商品化发展较快，以生产猕猴桃面积最大的陕西省为例，全省拥有猕猴桃保鲜库1 900余座，贮藏能力达19.1万吨。其中，气调库贮藏能力达1万吨，优质猕猴桃可安全气调贮藏6个月，延长至翌年3月上市销售，有效缓解猕猴桃成熟集中、应市期短、丰产效益低的问题，实现了延长货架期和产后增效，提高了陕西猕猴桃的市场竞争力。此外，陕西省引进了2条国际先进水平的猕猴桃浓缩果汁生产线，建成猕猴桃加工企业45家。其鲜果加工能力达4.5万吨(产品主要有果汁、果酒、果脯、果干等)，并先后注册产品商标25个。这些企业大多是一头连着市场，一头连着基地与农户，较好地解决了猕猴桃销售困难的问题，有力地促进了猕猴桃产业化的发展。

4. 产业中存在的问题

(1)产业化体系薄弱，组织化程度低 我国猕猴桃生产多是以家庭为单位的小规模分散方式经营，经营的果园面积以0.2～0.33公顷为多。与新西兰等国家相比，我国农民的组织化程度低，且缺少有实质性影响的行业协会引导。我国现行机制下原有的技术推广服务体系大多涣散失效，农村专业技术人员和农民专业骨干老年化严重。果树栽培要求的技术性较强，但我国目前的科学技术的普及力度还远远不够，导致猕猴桃的整体生产水平低下。现在我国国内龙头企业规模小、数量少，市场竞争力不足，不能对产业起到很好的带动作用，没有与农民形成紧密合作的共同体，从而影响了猕猴桃产业的健康发展。

(2)果实单产低、品质差、价格低、进出口严重失衡等问题突出 猕猴桃产业发展优秀的新西兰国家非常重视对猕猴桃新品种选育的投入力度。例如，2009年新西兰政府和ZESPRI公司共同制定了一个长达7年的猕猴桃新品种选育计划，总计投资3 570万美元。其中，政府投资1 520万美元，ZESPRI公司投资2 050万美元；而我国在育种方面提供的专用经费就相对很少且极分散。此外，我们国内尚未形成品种选育凝聚力，在新品种选育方面仍存在着偶然性、盲目性和随机性等问题。

虽然我国是猕猴桃生产大国，但产业发展规模与发达国家相比仍存在较大差距：一是平均单产远低于新西兰和意大利等国。2008—2011年间，世界各国每年每公顷平均产量为新西兰32吨、意大利16吨、智利14吨、韩国13吨、日本13吨，而我国只有7吨，由此可看到明显差距。二是我国猕猴桃产业面临果品质量参差不齐、综合商品性状差、整体商业化水平较低等问题。从平均单产来看，果品质量已成为制约我国猕猴桃产业发展的瓶颈。我国猕猴桃的内外质量都比较差，果实大小不均；在不使用植物生长调节剂的情况下，大部分果实达不到一级果的标准(100克)。我国供应国内市场的猕猴桃商品果率不到60%，优质果率不到30%，与国外80%的出口果率相差甚远。从价格看，2004—2009年，每千克猕猴桃在国际出口市场净值：新西兰为2.558美元，意大利0.928美元，智利0.848美元，而我国只有新西兰价格的1/4左右。四是在质量安全方面，由于果实膨大类植物生长调节剂(氯吡脲)的使用可能产生的安全隐患，对猕猴桃的消费和销售形成不利影响。根据2009年联合国粮农组织(FAO)数据库统计的猕猴桃果品进、出口数字来看，我国进口量是出口量的29.3倍，而且平均进口单价为出口单价的2倍以上，这种现状虽与我国猕猴桃生产大国的身份和地位严重不符，却也体现了我国猕猴桃品质、价格与国外存在的显著差距。

根据国内相关产业信息，我国猕猴桃基本用于自产自销，例如，2009年我国产量49.1万吨，出口2.17万吨，仅占世界市场的0.1%；2010年出口量则约为总产量的0.5%。根据2014年度《世界猕猴桃综述》中的2013年CSO数据，2012年主产国出口所占本国产量的比例为：新西兰占95%，希腊和智利均为90%，意大利80%，而中国小于1%。说明我国占国际市场的份额非常低。

按照目前所能查询到的数据，新西兰、意大利和智利三大主产国在2000—2010年出口数据如下：

新西兰:2000年，产量24.95万吨，出口24.95万吨，占本国当年产量的100%，占世界市场的32.6%;2009年，产量38.5万吨，出口36.1万吨，占本国当年产量的93.7%，占世界市场的30.7%;2010年，产量37.9万吨，出口数量40.6万吨，超过本国当年产量的100%，占世界市场的30%。

意大利:2000年，产量34.6万吨，出口27.3万吨，占本国当年产量的84.7%，占世界市场的35.6%;2009年，产量44.76万吨，出口37.9万吨，占本国当年产量的93.7%，占世界市场的30.2%;2010年，产量41.6万吨，出口数量36.97万吨，超过本国当年产量的88.9%，占世界市场的27.4%。

智利:2000年，产量11.55万吨，出口11.26万吨，占本国当年产量的97.5%，占世界市场的14.7%;2009年，产量22.7万吨，出口18.3万吨，占本国当年产量的80.6%，占世界市场的14.6%;2010年产量22.9万吨，出口数量18.3万吨，超过本国当年产量的79.9%，占世界市场的13.6%。

从上述数据不难看出，2000—2010年，世界除中国以外的三大猕猴桃生产国意大利、新西兰、智利生产的猕猴桃基本以出口为主。其中新西兰和意大利出口均占本国产量的90%以上，分别占领国际市场份额的30%左右;智利出口占本国产量的90%左右，占国际市场份额的14%左右。这三个国家才是目前国际猕猴桃市场的主体力量。

(3)苗木繁育技术体系落后　优质苗木是果树高标准建园的基础，直接关系到果树成活率、果园整齐度，甚至建园成败等。猕猴桃苗木产业做得较好的国家是新西兰、意大利和智利，这3个国家几乎全部使用专用砧木和优质容器苗，不仅成活率高，而且定植后翌年产量就能达到500～800千克/667米^2。我国一般采用裸根小苗定植，定植后1～2年主要是保成活。目前，我国还没有专用的砧木品种，繁殖的苗木仍采用高度杂合的实生种子作砧木，然后再用嫁接品种接穗。种子实生播种必然会引起后代性状变异等问题，砧木与接穗之间就有如亲和力等问题没有解决。此外，抗性砧木（抗高pH值、抗涝或抗旱）的使用多为空白；容器苗生产技术体系也没有建立起来。

（4）栽培管理技术落后，标准化生产技术体系尚未建立　由于经营方式不善、经营理念落后、科技水平较低等因素的存在，导致我国猕猴桃生产中存在很多突出问题：整形修剪不统一、雌雄株配比不合理、肥水管理不科学、花果管理技术太落后以及滥用植物生长调节剂等。

三、猕猴桃产业发展潜力

在世界果品贸易市场中，猕猴桃所占的份额不到苹果、柑橘等大宗水果的2%。从我国猕猴桃的面积和产量看，其规模还很小：种植面积仅为苹果的1/30，柑橘的1/27；产量仅为苹果的1/70，柑橘的1/40。所以，目前我国的猕猴桃生产还难以满足消费者的需求。世界果品生产在20世纪90年代有很快增长，果树育种和新技术的应用非常普遍，但猕猴桃新品种的选育目前仅有少数几个国家可以做到，如新西兰、意大利、中国等。近年来，新西兰推出的黄肉品种“Hort-16A”、中国推出的红心品种“红阳”深受市场欢迎，很快打破了绿肉老品种“海沃德”长期一统天下的格局，同时实现了早、中、晚熟品种的合理搭配，使其果实风味、外观、口感也更加丰富多样化。另外，即食型的软枣猕猴桃品种的问世，一改大众对猕猴桃果品食用方式的传统认识，在观光、休闲、采摘等果园得到了应用，这也说明了猕猴桃品种结构已向多元化方向发展。

虽然中国猕猴桃出口面临着苹果、梨等大宗水果的威胁，但是，目前我国人均占有猕猴桃小于 0.95 千克，远低于新西兰、意大利、希腊、西班牙等国家人均 3.0 千克的水平，同时也远低于我国人均苹果占有量的 29 千克。我国有 13 亿多人口，其中城市常住人口占 1/3 左右。猕猴桃作为一种新型功能性水果，正受到越来越多的人欢迎。消费量的增加不仅促进了国内猕猴桃产业的发展，同时也促进了国际猕猴桃贸易，并吸引众多国外猕猴桃企业在国内建立生产基地或包装车间，如新西兰的 Zispri（佳沛）公司就投入巨资在中国建立了生产基地。

第二章　优良新品种

一、美味猕猴桃新品种

(一)翠香(西猕九号)

1. 审定单位及时间　系西安市猕猴桃研究所，于2008年通过了陕西省果树品种审定委员会审定。

2. 品种性状　该品种果实美观端正、整齐、椭圆形(与新西兰Hort-16A相似)，横径3.5～4厘米，长7～7.5厘米；最大单果重130克，平均单果重82克，单株树上有70%的果实单果重可达100克，商品率90%；果肉深绿色，味香甜，芳香味浓，品质佳，适口性好，质地细而果汁多；可溶性固形物可达17%以上，总糖含量5.5%，总酸含量1.3%，维生素C含量为1850毫克/千克鲜果肉。该品种具有早熟、丰产、口感浓香、果肉翠绿、抗寒、抗风、抗病等优点。

(二)金　硕

1. 审定单位及时间　系湖北省农业科学院果树茶叶研究所，于2009年通过了湖北省林木品种审定委员会审定。

2. 品种性状　果实长椭圆形，整齐美观，单果重120克左右，果面密被黄褐色短茸毛，果点小；果实后熟后易剥皮，食用方便；果心呈浅黄色、长椭圆形，果肉翠绿，肉质细腻，风味浓郁；可溶性固形物含量最高达17.4%，可滴定酸1.8%，总糖含量9.2%，维生素C含量为724～1 040毫克/千克；耐贮性强，常温条件下可贮藏20～30天，货架期7～10天。

（三）海　艳

1. 审定单位及时间　系江苏省海门市三和猕猴桃服务中心，于2010年9月通过了江苏省农作物品种审定委员会审定。

2. 品种性状　果实长圆柱形，平均单果重90克，最大单果重120克；果皮青褐色，有短茸毛；果心细柱状，乳白色，质软可食；果肉翠绿色，肉质细，汁液多，有香气，风味甜，品质好；可溶性固形物含量18.2%，总糖含量11.69%，总酸含量1.07%；在江苏省海门市，果实8月中下旬成熟，果实发育期90～100天，是极早熟品种。

（四）红什1号

1. 审定单位及时间　系四川省自然资源科学研究院，于2011年通过了四川省农作物品种审定委员会审定。

2. 品种性状　该品种平均单果重85.5克，果皮较粗糙，黄褐色，具短茸毛，易脱落；果肉黄色，子房鲜红色，呈放射状；可溶性固形物含量17.6%，维生素C含量1 471毫克/千克，总糖含量12.0%；抗旱性和抗病力较强，抗涝力较弱。定植后第三年全部结果，第四年进入盛果期。株产20～30千克，每公顷产量达15 000～22 500千克。

二、中华猕猴桃新品种

（一）晚　红

1. 审定单位及时间　系陕西省宝鸡市陈仓区桑果工作站等单位，于2009年通过了陕西省果树品种审定委员会审定，被陕西省果业管理局列为秦巴猕猴桃产区中晚熟新品种推广栽培。

2. 品种性状 果实长椭圆形，果个均匀、整齐，平均单果重91克，最大单果重132克，较红阳（平均单果重75克，最大单果重130克）大；果顶突出或平，梗洼浅，而红阳果实顶部稍大，萼洼内陷；果面绿褐色，皮厚，被褐色软毛；果实成熟后果肉黄绿色，红心，质细多汁，味甜爽口，风味浓香，品质优。10月中旬采收，可溶性固形物含量16.44%，维生素C含量972毫克/千克，总酸含量1.19%，总糖含量12.05%；后熟期20～30天，室温下可贮放40天左右，在0.5℃冷藏条件下可贮存4个月。果实软熟后仍能维持可食状态2周以上，较红阳货架期长1周。

（二）皖 金

1. 审定单位及时间 系安徽农业大学园艺学院与皖西猕猴桃研究所，于2009年通过了安徽省林业厅林木品种审定委员会审定。

2. 品种性状 果实卵圆形，果肉黄色，果面茸毛短而少，平均单果重133克；可溶性固形物含量12.5%，可滴定酸为0.88%，维生素C含量759毫克/千克；果实生育期180天左右，抗逆性较强；在安徽霍邱，果实成熟期11月上旬。果实耐贮藏。

（三）豫皇1号

1. 审定单位及时间 系河南省西峡县猕猴桃生产办公室，于2009年通过了河南省种子管理站品种鉴定。

2. 品种性状 果实圆柱形，平均单果重88克，最大单果重148克；果皮浅棕色或棕黄色，果面光洁，果顶稍凹或平，果形端正、漂亮，果柄长3～6厘米；果心小而软，与果柄连接处有一小木质核，种子较少，硬果时果肉黄白色，软熟后果肉黄色，肉质细嫩，汁多，香甜味浓，可溶性固形物含量16.5%～17%；果实成熟期9

月中旬，自然条件下可存放2个月左右，冷藏条件下可贮6个半月，货架期20～30天。

（四）豫皇2号

1. 审定单位及时间 系河南省西峡县猕猴桃生产办公室，于2009年通过了河南省种子管理站品种鉴定。

2. 品种性状 果实长椭圆形，平均单果重85克，最大单果重136克；果皮棕褐色，密被棕色细毛，果顶微突，果形端正、整齐，果柄长4～6厘米；果心小而软，果肉成熟后金黄色，肉质细嫩，含可溶性固形物16.5%，未成熟时味道偏酸，充分软熟后味香甜可口；自然条件下可贮藏3个月，冷藏条件下可贮8个半月以上，从发软到腐败时间可达1个月以上。

（五）华　金

1. 审定单位及时间 系河南省西峡猕猴桃研究所，于2010年通过了河南省科学技术厅组织的科技成果鉴定。

2. 品种性状 果实圆柱形，平均单果重96克，最大单果重167克，果实浅棕黄色或棕黄色；果心小且软，果肉黄绿色，肉质细，汁液多，香气浓郁，风味浓甜；可溶性固形物含量15.50%～16.80%，总糖含量10.18%，总酸含量0.82%，维生素C含量1 210～1 720毫克/千克；在河南省西峡县，果实9月中旬成熟，属于早熟品种。

（六）源　红

1. 审定单位及时间 系湖南省园艺研究所和长沙楚源果业有限公司，于2010年通过了湖南省种子管理局组织的现场评议。

2. 品种性状 该品种果实近椭圆形，平均单果重59.8克；果顶部略凹陷，果面光洁无茸毛，果皮深绿色，光滑细腻、皮孔小；果实为红心类型，肉质细嫩多汁，风味浓甜；可溶性固形物含量17.6%，维生素C含量2 040～2 580毫克/千克；8月上旬达到采收成熟度，贮藏性优异，红心性状稳定；较抗高温干旱，抗病虫害能力较强。

（七）丰　硕

1. 审定单位及时间　系湖南省园艺研究所和长沙楚源果业有限公司，于2010年通过了湖南省种子管理局组织的现场评议。

2. 品种性状　果实卵圆形，平均单果重110克；果顶平坦，果面光滑无毛，果皮黄绿色，色泽光亮，整齐度高；果肉黄绿色，肉质细嫩，风味浓甜；可溶性固形物含量18.0%，维生素C含量1 560毫克/千克；丰产性好，成熟期为9月中下旬；较抗高温干旱，抗病虫害能力较强。

（八）湘吉红

1. 审定单位及时间　系吉首大学生物资源与环境科学学院裴昌俊教授，于2010年8月10日获得农业部植物新品种保护办公室品种权申请初步审查合格通知书。

2. 品种性状　果实圆柱形，果心淡黄色，横切面内侧果肉鲜红色，呈放射状排列，外侧果肉黄绿色，清香味甜。该品种雌株具有单性结实特性，不需要配置雄株，可以结出无籽果实；但应注意，开花期如果与其他猕猴桃雄株的花粉相遇（通过人工授粉，或昆虫传粉，或自然风力传粉），就会产生有籽现象。据此，新建湘吉红无籽猕猴桃果园，必须选择自然生态隔离区（选择方圆10千米内无野生猕猴桃、无人工栽培猕猴桃、无柑橘类蜜源植物的生态环境）建园，或者采取相应的农技措施，避免无籽猕猴桃（雌株）与其他猕猴桃（雄株）的花期（花粉）相遇。

(九)云海一号

1. 审定单位及时间 系江西省中国科学院庐山植物园，于2011年12月通过了江西省农作物品种审定委员会审定。

2. 品种性状 果实长圆柱形，平均单果重86.5克，最大单果重125克；果实顶部略尖，果肉淡黄色；可溶性固形物含量15%～17.8%，维生素C含量714.2毫克/千克，总糖含量8.71%，可滴定酸1.48%；该品种具有品质优良、遗传性状稳定、丰产稳产、果大味纯、商品率高、适应性强等特点。

(十)金 怡

1. 审定单位及时间 系湖北省农业科学院果树茶叶研究所，于2011年5月获得了农业部植物新品种保护授权，品种权号为CNA20080411.1。

2. 品种性状 果实短圆柱形，平均单果重70克，最大单果重110克；果皮暗绿色，果面绒毛稀少，有小而密的果点；果肉黄绿色，肉质细腻，风味浓郁；含可溶性固形物17.0%～20.0%，可溶性总糖12.1%，可滴定酸1.28%，维生素C 1322毫克/千克；在武汉地区9月上旬成熟。

三、其他品种

(一)红宝石星

1. 审定单位及时间 系中国农业科学院郑州果树研究所，于2008年通过了河南省林木良种审定委员会审定，并于同年进行了农业部新品种保护登记。

2. 品种性状 果实长椭圆形，平均单果重18.5克，最大单果重34.2克；果实横截面为卵形，果喙端形状微尖凸，果皮光洁无毛，其上均匀分布稀疏的黑色小果点，果肩形状方形；成熟后，果皮、果肉和果心均为玫瑰红色，而且无须后熟即可食用；果心较大，种子小且多，果实多汁；可溶性固形物含量15.0%以上，总糖含量12.1%，总酸含量1.12%。果实在8月下旬至9月上旬成熟，适于带皮鲜食，或做成“迷你”猕猴桃精品果品，并适于加工成红色果酒、果醋、果汁等；该品种适应性较强，成熟期不太一致，有少量采前落果现象，不耐贮藏（常温下贮藏2天左右），所以栽培时需要分期、分批采收，推荐休闲果园栽培。

（二）天源红

1. 审定单位及时间 系中国农业科学院郑州果树研究所，于2008年通过了河南省林木良种审定委员会审定，并于同年进行了农业部新品种保护登记。

2. 品种性状 果实卵圆形或扁卵圆形，平均单果重12.02克；平均果梗长度3.2厘米，果实光洁无毛，成熟后果皮、果肉和果心均为红色；可溶性固形物含量16%，果实有香味，味道酸甜适口；果实在8月下旬至9月上旬成熟；适于带皮鲜食、做成贝贝猕猴桃精品果品，并适于加工成果酒、果醋、果汁等，推荐休闲果园栽培。

（三）华 特

1. 审定单位及时间 系浙江省农业科学院园艺研究所，于2008年获得了农业部植物新品种权，品种权号为CNA20050673.0。

2. 品种性状 果实长圆柱形，单果质量82～94克，是野生种的2～4倍，最重达132.2克；果皮绿褐色，密集灰白色长绒毛；果肉绿色，髓射线明显，肉质细腻，略酸，品质上等；可溶性固形物含量14.7%，总糖含量9.00%，可滴定酸含量1.24%，维生素C含量 6 280 毫克/千克；结果能力强，少量落花落果，徒长枝和老枝均可结果；果实常温下可贮藏 3 个月。

（四）满天红

1. 审定单位及时间　系中国科学院武汉植物园，于 2009 年通过了湖北省林木品种审定。

2. 品种性状　果实为长卵圆形，平均单果重 72 克，果皮淡褐色无毛，果顶微凸，果蒂平，黄褐色，果肉黄色，种子红褐色；维生素 C 含量 4 480 毫克/千克，可溶性固形物平均为 14%，最高达 16.7%，有机酸含量 1.7%。

（五）宝贝星

1. 审定单位及时间　系四川省自然资源科学研究院，于 2011 年通过了四川省农作物品种审定委员会审定。

2. 品种性状　果实短梯形，平均单果重 6.91 克；果实小，果顶凸，无缢痕，果柄短；果皮绿色，光滑无毛，果肉绿色，香气浓郁，可连皮食用；可溶性固形物含量 23.2%，总糖含量 8.85%，总酸含量 0.128%，干物质 22.6%，维生素 C 含量 198 毫克/千克；在什邡湔氐镇（海拔 700 米）4 月中旬开花，8 月上旬成熟；在都江堰虹口镇（海拔 1 300 米）5 月上旬开花，8 月下旬成熟，属中熟品种。

四、栽培种特点及分布区域

（一）美味猕猴桃

在猕猴桃属中美味猕猴桃的果型最大，人工栽培面积也最大。该种单果重一般为 30～150 克。果实有圆形、椭圆形、柱形、球形等；果皮有褐色、浅褐色、深褐色和绿褐色；果肉有绿色、浅绿色、深绿色和果心红色。我国的美味猕猴桃广泛分布于长江流域中下游，如陕西、河南、湖北、湖南、四川、云南、贵州、广西、甘肃等地；栽培区域已扩展到原产地以外的所有猕猴桃产区，即从北京到广州，从四川到上海，近几年已逐渐向山东半岛延伸栽培。其中的绿肉品种是目前占据市场消费的主流品种。

（二）中华猕猴桃

中华猕猴桃果实大小仅次于美味猕猴桃，栽培面积占第二位。该种单果重一般 20～100 克。果实有圆形、椭圆形、柱形、球形等；果皮有褐色、浅褐色、深褐色和绿褐色；果肉有绿色、浅绿色、深绿色、黄色、浅黄色、橙黄色；果心红色。我国进行中华猕猴桃栽培的区域主要在原产地，即长江流域中下游，如陕西、河南、安徽、江苏、浙江、湖北、湖南、江西、广东、广西、福建等地，近几年逐渐向北延伸栽培。其中的红心品种是引导目前市场消费的主流品种之一。

在生长势方面，中华猕猴桃要弱于美味猕猴桃；成枝率和结果枝率方面，中华猕猴桃均高于美味猕猴桃。谢鸣等(1995 年)通过对浙江省农业科学院和杭州地区余杭县安溪果园种植的中华猕猴桃和美味猕猴桃的物候期和生长结果习性进行观察，认为中华猕猴桃的物候期要早于美味猕猴桃，中华猕猴桃以短果枝结果为主，美味猕猴桃以长果枝结果为主；中华猕猴桃结果早、前期产量高，早熟和果实维生素 C 含量高，果实耐贮藏性和商品性不如美味猕猴桃。

（三）软枣猕猴桃

软枣猕猴桃是猕猴桃属中分布面积最广的种类。该种单果重一般在 5～30 克。果实有圆形、椭圆形、柱形、球形等；果皮有浅绿色、深绿色和紫红色；果肉有绿色、浅绿色、深绿色和红色。在中国地域，主要分布在北纬 45°以南的完达山南部、张广才岭及老爷岭山区，在东三省、山东、山西、陕西、河南、河北、安徽、浙江、江西、湖北、福建及西北和华东各省也有分布。软枣猕猴桃成熟果实可做即食型猕猴桃，也可用来酿酒、制作果酱和果汁、提取维生素C等；树体可入药；有些地区的软枣猕猴桃（如东北地区）与传统商业栽培的美味猕猴桃和中华猕猴桃相比较抗寒，所以可将传统的猕猴桃商业栽培区向北推移，或开创新型的猕猴桃开发模式，如休闲果园的开发等；打破了人们对猕猴桃果实成熟后需要后熟、去皮方可食用的定性思维模式。

目前，英国等国家已经有软枣猕猴桃上市，是方便儿童食用并受到儿童欢迎的猕猴桃品种，在英国的Asda超市，一盒10～12个装、重约125克的迷你猕猴桃售价约合19元人民币；在M&S超市，16个装、重约150克的迷你猕猴桃标价约合28元人民币。2014年，新西兰产的绿肉软枣猕猴桃已在国内少量销售，约合人民币120元/千克，所以软枣猕猴桃有成为国际猕猴桃市场消费新时尚的潜能。

（四）毛花猕猴桃

毛花猕猴桃果实大小仅次于美味猕猴桃与中华猕猴桃，居第三位。花大且颜色诱人，可作庭园观赏树种。其花期明显晚于中华猕猴桃和美味猕猴桃，郑州地区一般晚25天左右。从现蕾至落瓣为期半个月左右，此时气温变幅小、湿度大，不易受晚霜危害。毛花猕猴桃主要分布在贵州、湖南、浙江、江西、福建、广东、广西等地。该种因花色美观、易剥离、食用方便、耐贮藏、适应性强、耐高温、耐涝、耐旱等优点，具有较好的市场吸引力，前景乐观。

第三章　生物学特性

一、猕猴桃的主要特征特性

(一)根

猕猴桃的根为肉质根，皮厚；最初为白色，后转为黄色或黄褐色，嫩脆，受伤后会流出液体，即伤流；老根外表灰褐色到黑褐色，有纵向裂纹；主根在幼苗期即停止生长，骨架根主要为侧根；侧根和细根很密集，共同组成发达的根系。猕猴桃幼根和须根再生能力很强，既能发新根，又能产生不定芽；老根发新根的能力很弱，伤断后较难再生。如果大树移栽不带须根，则成活率较低。

据华中农业大学对猕猴桃 Abbott 品种根系的观察；当土壤温度为 8℃时，根系开始活动；20.5℃时，根系进入生长高峰期，随后生长开始下降；29.5℃时，新根生长基本停止。

王建等(2010)采用不同土层样本的方法研究了秦岭北麓地区，某土壤类型为塿土的果园内 10 年生秦美猕猴桃根系，发现其在 3 月 28 日至 5 月 18 日、7 月 9 日至 9 月 8 日生长较慢；5 月 18 日至 7 月 9 日、9 月 8 日至 11 月 6 日生长相对较快，11 月份以后基本停止生长。

猕猴桃根系主要分布在 0～40 厘米土层，占总根量的 78.10%，随着土层深度的增加，根量减少；主根(直径>1 厘米)占总根量的 60.23%，这其中又有 91.33%的主根分布在 0～40 厘米土层，而没有伸到 60 厘米以下；侧根(直径 0.2～1.0 厘米)占总根量的 32.34%，这其中又有 51.79%的侧根分布在 20～40 厘米土层；细根（直径＜0.2 厘米）占总根量的 7.44%，与侧根一样分布在 20～40 厘米土层最多，占到细根的 35.08%；而在 80～100 厘米土层中的细根只有 7.93%。范崇辉等（2003）采用壕沟法观察陕西杨凌区某黏壤土果园内 7 年生秦美猕猴桃根系，发现其水平分布最远为 100 厘米左右，在距树干 20～70 厘米范围内的土壤中数量最多，与苹果、桃、葡萄、枣等果树相比，根系水平分布范围相对较小。根系分布与生长动态研究，可为猕猴桃合理和适时施肥提供科学依据。

（二）芽

猕猴桃的每个芽座中有 1～3 个芽，3 个芽中两侧较小的为副芽，中间较大的为主芽。副芽常呈潜伏状，当主芽受伤或枝条短截时，副芽便萌发生长，有时主、副芽也会同时萌发。

按芽的性质分为叶芽和混合芽（花芽）。叶芽瘦小，萌发后只抽梢长叶。混合芽肥大、饱满，萌发后不仅抽梢长叶，而且开花结果。特别值得注意的是混合芽，即花芽（又称花序芽或花枝芽，因其和葡萄一样，花序是着生在当年萌发的新梢上），是栽培猕猴桃时需要重点培养的。

根据枝条上萌发的位置，混合芽又可分为上位芽、平位芽、下位芽。上位芽背向地面，萌发率高、抽枝旺、结果多；平位芽与地面平行，枝条生长中等、结果较多；下位芽朝向地面，萌发率低、抽生枝条衰弱、结果少（图 3-1）。

通过在美味猕猴桃、中华猕猴桃、软枣猕猴桃、狗枣猕猴桃以及毛花猕猴桃上的研究表明，猕猴桃花芽为混合芽。从分化的时间上来看，不同种之间还是略有差异，一般在相同环境下雄株的花芽分化比雌株早 5～7 天。

软枣猕猴桃和狗枣猕猴桃也是在越冬芽中孕育着花的原始体，冬前不进行形态分化，此分化期时间短、速度快，自腋芽原基开

1.芽　2.芽座　3.枝　4.叶痕　　　1.上位芽　2.下位芽　3.平位芽

图 3-1　猕猴桃的枝和芽

始分化到雌、雄蕊原基形成，共历时 20～25 天。

毛花猕猴桃在 7 月上旬进入花芽生理分化期，8 月下旬分化花序原基，9 月上旬分化花萼，9 月下旬分化花瓣，10 月份以后不再分化而进入冬季休眠，翌年 3 月中旬分化雄蕊，4 月上旬分化雌蕊。

花芽形成容易的品种，结果早、丰产性好。树体养分易积累的环境条件及良好的栽培措施均有利于果树花芽分化，如充足的光照，适宜的温度、湿度、土壤，良好的通风等环境条件；合理的施肥、灌水、修剪及科学的人工促控措施，以及不受病虫害困扰的健康树体等，都是花芽形成的必备条件。

（三）叶

猕猴桃的叶，大、薄、脆，容易被风刮烂。早春萌芽后约 20 天开始展叶，其后迅速生长 1 个月，当其大小接近成熟叶总面积的 90％时，转入缓慢生长至定形。通风透光条件下，定形后的叶片到落叶前的几个月，光合作用最强，制造和输送的养分最多。

叶具有光合和呼吸功能，具有营养积累功能的叶叫有效叶，不具有营养积累功能的叶叫无效叶。高产栽培就需要尽可能地提高有效叶总面积，减少无效叶数量。无效叶的种类有：幼嫩叶、衰老叶、遮阳叶，以及病虫害或大面积失绿、破损叶（风、雨、冰雹等造成的机械伤)。只有在果园管理中增加有效叶面积,才能提高果园总体生产能力和经济效益。

优良品种的有效叶面积大、叶厚色深、光合能力强、养分积累多,可供给花芽形成、树体及果实生长更多的养分。其中,革质强、抗风害者为优。另外,不同种类、不同品种的猕猴桃叶片形状差异较大(图 3-2)。

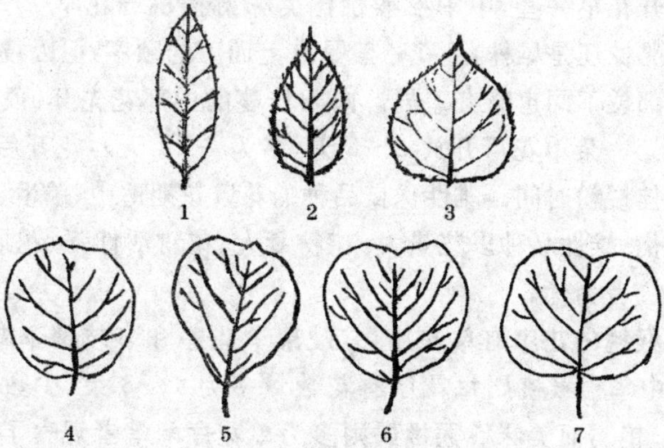

图 3-2　叶片形状

1. 披针形　2. 卵圆形　3. 心脏形

4. 阔卵形　5. 倒卵形　6. 阔倒卵形　7. 近扇形

(四)花和花序

猕猴桃花从结构上来看属于完全花,具有花柄、花萼、花瓣、雄蕊和雌蕊;但是从功能上来看其大多数品种属于单性花,分雌花和雄花。雌花:子房发育肥大,多为上位扁球形,柱头多个,心室中有多数胚珠,发育正常;雄蕊退化发育,花丝明显矮于雌花柱头,花药干瘪,有些虽然肉眼观察高度接近,但是花药中没有花粉,或有少量的花粉,但花粉没活力,在大蕾期套牛皮纸袋完全隔离外界花粉的情况下自身不能坐果。雄花:雄蕊发达,明显高于子房,花药呈现饱满状态,花粉粒大,花粉量充分且活力强;子房退化变小,呈圆锥形,有心室而无胚珠,不能正常发育。

猕猴桃开花时间和花期长短因品种、雌雄性别、管理水平和环境条件而变化。花开初为白色,后渐变成淡黄色或橙黄色。花大且美观,具芳香,但缺乏明显的蜜腺组织。一般来说,猕猴桃雄株比雌株开花早一些,中华猕猴桃比美味猕猴桃开花早 7～10 天。无论是雌株还是雄株,开花一般是自上而下的顺序,但因枝条强弱和着生部位不同也略有差异。向阳枝蔓的中部花先开,顶花先于侧花开。一朵单花可开放 2～6 天(多为 3～4 天),花开后的前 2 天为最佳授粉时间。雌性优良品种的花以花期适中、单生、无畸形花者为优;雄性品种以花量大、花粉量大、花粉活性强、花期长、授粉范围广者为优。

猕猴桃的花序有单花序、二歧聚伞花序和多歧聚伞花序(图 3-3)。中华猕猴桃属每花序有花数量多为 1～3 朵(少数品种较多,如金艳),而美味猕猴桃属则多为单花序。笔者观察了中国农业科学院郑州果树研究所猕猴桃资源圃内部分品种的开花习性,发现不同种类猕猴桃品种的花期、颜色有较大区别。例如,中华猕

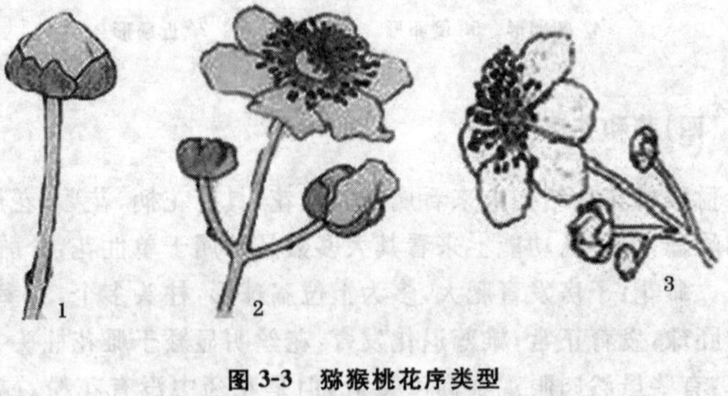

图 3-3　猕猴桃花序类型

1. 单花序　2. 二歧聚伞花序　3. 多歧聚伞花序

猴桃和美味猕猴桃花瓣初开时多为白色，软枣猕猴桃有白色和略带片状红晕类型，毛花猕猴桃华特的花瓣为粉红色；从花药颜色来看，中华猕猴桃和美味猕猴桃为黄色，软枣猕猴桃为黑色，毛花猕猴桃为深黄色。相同种中，不同品种的花期长短也不尽相同，这就要求选择相配套的雄株。

（五）枝　蔓

猕猴桃的枝蔓比较柔软，需攀援支撑物生长。

对于猕猴桃雌株，根据其生长的骨干结构，枝蔓可分为主干、主蔓、侧蔓、结果母枝（蔓）、结果枝（蔓）、营养枝（蔓）（图 3-4）。营养枝蔓和结果枝蔓是根据枝蔓上是否带有花芽区分的，其中营养枝蔓主要构成树体的骨架结构，如主干、主枝蔓、侧枝蔓和未形成花芽的 1 年生枝蔓。具有开花结果能力的当年生枝蔓，称结果枝蔓。因为猕猴桃的花芽为混合芽，所以着生在结果枝蔓的母枝上，

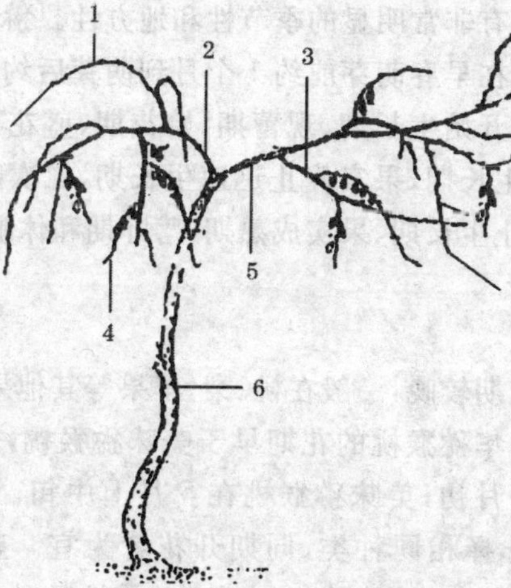

图 3-4　猕猴桃枝蔓类型

1. 营养枝　2. 侧蔓　3. 结果母枝　4. 结果枝　5. 主蔓　6. 主干

称结果母枝蔓。一般结果母枝蔓的中、下端第7～10个节位着生的结果枝蔓较多,结果枝蔓于基部1～7节位间开始结果,一个结果枝蔓可以着生3～5个花序,每个花序可以结果1～4个。凡是达到结果年龄的枝条,除基部和蔓上抽生的徒长枝外,几乎所有的新梢都很容易形成花芽,进而形成结果母枝蔓。猕猴桃1年可抽梢3～4次,各蔓抽生的生长势和生长量自下而上减弱。

中华猕猴桃和美味猕猴桃的结果枝蔓类型一般按以下长短进行划分:50～100厘米称长结果枝蔓,30～50厘米称中结果枝蔓,10～30厘米称短结果枝蔓,小于10厘米称超短结果枝蔓(也称丛状结果枝蔓)。营养枝蔓一般用于骨架构建或结果母枝蔓更新,一般选长势中庸、组织充实的营养枝蔓培养成结果母枝蔓。

二、物 候 期

物候信息具有非常明显的季节性和地方性。猕猴桃的物候期主要有:伤流期(在早春萌芽前约1个月到萌芽后约2个月)、萌芽期、展叶期、新梢开始生长期、现蕾期、始花期、盛花期、终花期、坐果期、新梢停止生长期、果实停止迅速生长期、二次新梢开始生长期、二次新梢停止生长期、果实成熟期、落叶期和休眠期等。

(一)花 期

猕猴桃的花期较晚,一般在桃、梨、苹果等其他果树树种之后,在葡萄之前。中华猕猴桃的花期早于美味猕猴桃,郑州地区一般在4月下旬至5月初;美味猕猴桃在5月上中旬。因而,授粉品种的配置最好选择相同种类、同期开花者为宜。整个树体从开始开放到落花一般经历1周左右,其中,雌性品种在花期中段开的花质量好,结的果果形正;而雄性品种则是早期开的花质量高。所以,在选配雄性授粉品种时,最好以雄株初花期配置雌株的盛花期。

(二)果实成熟期

猕猴桃按果实成熟期一般可分为早熟品种、中熟品种和晚熟品种。由于猕猴桃种植地域跨度较大,成熟期难以准确衡量,所以只能以达到采收成熟度、能够上市为准。早熟品种指 8 月以前达到成熟度能够上市的品种,中熟品种指 9 月份上市的品种,晚熟品种指 10 月份上市的品种,极晚熟品种指 11 月份上市的品种。目前尚未发现 7 月份成熟的极早熟品种,也未培育出早熟的美味猕猴桃品种。

在浙江省江山市周村乡仙霞山猕猴桃基地,何阳鹏等(2005)观察了中华猕猴桃和美味猕猴桃等 6 个品种的物候期情况(表 3-1)。

表 3-1　浙江省江山市周村乡仙霞山猕猴桃基地猕猴桃主要物候期

所属种	品种	伤流期	萌芽期	展叶期	现蕾期	初花期	盛花期	终花期	新梢迅速生长期	果实成熟期	落叶期
中华猕猴桃	华丰	4/3	10/3	15/3	8/4	20/4	26/4	30/4	6/4～12/7	27/9	5/12
	通山五号	6/3	12/3	18/3	10/4	25/4	27/4	1/5	6/4～10/7	28/9	7/12
	魁蜜	5/3	13/3	25/3	10/4	26/4	29/4	5/5	10/4～10/7	9/10	10/12
美味猕猴桃	金魁	7/3	21/3	25/3	15/4	1/5	6/5	6/5	12/4～15/7	10/10	11/12
	米良一号	8/3	25/3	27/3	18/4	2/5	10/5	10/5	12/4～12/7	16/10	23/12
	海沃德	10/3	28/3	31/3	19/4	5/5	12/5	12/5	10/4～22/7	19/10	20/12

由表看出,猕猴桃不同品种的物候期差异较大,大多数于 3 月上旬至 3 月下旬开始萌动。中华猕猴桃品种(如华丰、魁蜜、通山五号)的物候期,尤其是开花期和果实成熟期,都要早于美味猕猴桃品种(如金魁、米良一号、海沃德)。中华猕猴桃 3 个品种花期均在 4 月中下旬,遇“倒春寒”的可能性比较大;而美味猕猴桃的 3 个

品种花期均在5月上旬，可以避开“倒春寒”，且温度、湿度适宜，有利于雌花的授粉和受精。两个猕猴桃种类的果实成熟期有很大差异，中华猕猴桃处于高温的初秋，而美味猕猴桃在凉爽的深秋，这也是中华猕猴桃不及美味猕猴桃耐贮的原因之一。猕猴桃同种类中不同品种的物候期略有差别，如美味猕猴桃品种中的金魁物候期最早，米良一号居中，而海沃德最晚，此差异也为早、中、晚熟品种的合理搭配提供了条件。一般来说，春季温度较低的年份，猕猴桃的物候期相对延迟，温度偏高的年份则相对提前些。物候期存在差异，可能与各个种（或品种来源）的地理分布有关，是各个种（或品种）长期自然选择的结果。

三、生长要求

根据果皮茸毛的特征和分布，猕猴桃可分为硬毛猕猴桃、软毛猕猴桃、无毛猕猴桃；根据果肉颜色可分为绿肉猕猴桃、黄肉猕猴桃、红肉猕猴桃等；根据茎叶被毛与果实结构分为净果组、斑果组、糙毛组、星毛组。习惯上把黄肉无毛的一类称为中华猕猴桃，把绿肉有毛的一类称为美味猕猴桃。中国地域广阔，尽管猕猴桃分布范围广泛，但适于商业栽培的地区并不是很多。对于商业栽培，猕猴桃应满足以下几个生态条件。

（一）海　拔

中华猕猴桃和美味猕猴桃这两个重要商业栽培种，海拔垂直分布多在2 200米以下，海拔1 300米为猕猴桃经济栽培上限。一般来说，猕猴桃生产集中分布在海拔350～1 200米的范围。但地区不同垂直分布也有不同，如在湖南省主要集中分布在海拔800～1 000米，而在河南省则主要集中分布在350～1 200米。

(二)温　度

猕猴桃对周围环境的温度要求相对较高,气温太低,不能安全越冬;气温过高,如广东南部会因为没有达到有效的需冷量,出现只长枝叶,不开花结果的现象。猕猴桃比较适宜的年生长平均温度为12℃～22℃,但以环境条件——极端最高气温35.4℃～40.9℃,极端最低气温－2.6℃～20℃,无霜期210～335天,日照时数1 000～2 600小时,积温4 000℃～6 115℃;年平均温度在10℃～17℃的地区生长最为旺盛,且产量高、品质好。

1. 高温　猕猴桃是一种不耐高温的果树,而我国的广大猕猴桃产区,夏季常常高温、干旱、强光同时发生,在三者的协同作用下,猕猴桃的生长发育会严重受影响。气温在30℃以上时,猕猴桃枝蔓、叶、果的生长量均显著下降。气温在33℃时,果实阳面会出现日灼,形成褐色至黑色干疤。如高温伴随着低湿和大风(即干热风)时,可导致大量叶缘撕裂,变褐、干枯、反卷,严重影响树叶光合产物的合成和积累。气温在35℃以上时,猕猴桃叶片被强光照射5小时即会叶缘失绿,进而变褐、发黑。若此高温持续2天以上,叶片则进一步表现为叶缘发黑上卷,呈火烧状。日灼严重时,可引起早期落叶,甚至死树;另外,高温持续时,果面向阳部分变褐发黑,果皮细胞角质化,果实生长受限制。轻度日灼的果实,成熟后果个较小且果面不洁,失去应有的商品价值;严重日灼的果实,果实软腐甚至溃烂,因无法食用而造成巨大经济损失。

适度遮阳对猕猴桃生长和结果具有很好的促进作用。例如,何科佳等(2007)对中华猕猴桃翠玉采用25%左右的遮阳强度、美味猕猴桃米良一号采用50%左右的遮阳强度进行试验,均取得了显著的保叶、保果效果,并显著提高了当年猕猴桃的产量、品质和贮藏性。在临近高温季节新建园或大树移栽时,需及时搭设遮阳网避暑,此法可显著提高当年苗木成活率。此外,根据对清耕园与生草园的对比调查，当外界气温达到35℃时，清耕园区内气温可达45℃～48℃，原因就是果园受到太阳直射光和地面反射光的双重作用。所以，果园适量生草也是预防高温危害的有效方法之一。

2. 低温 与高温一样，低温也会严重影响猕猴桃树体的生长，尤其处于生长期的树体，最怕温度骤然降低。当温度骤降至－10℃时，树体就会发生冻害，轻则冻伤枝条不结果造成减产，重则植株大面积冻死。

通过对郑州地区冻害情况的调查，笔者发现猕猴桃不同种间抗冻害能力差异较大。猕猴桃不同种间抗冻害能力：软枣猕猴桃＞中华猕猴桃＞美味猕猴桃；从实生苗的观察中发现成活的植株多为雄株，推测猕猴桃雄株抗冻害能力要强于雌株。另外，猕猴桃同一树体不同部位间的抗冻害能力差异也比较大。从5年生美味猕猴桃实生树体田间观察情况看，猕猴桃最容易受冻的部位是1年生枝，如在发生冻害较轻的树体上表现为个别1年生枝条失水皱缩；然后是树干20厘米以上到1.2米左右的树干部位，表现为纵向裂口深达树体形成层，形成层褐变腐烂，在伤流期有褐色或灰白色胶状黏液渗出；最后，树体根茎部和根部往往受冻害程度较轻。调查中可见很多树体地上部分全部死亡，而在树干基部20厘米以下生长正常，如2年生实生苗，有些植株地上部分已枯死，而根茎部和根部依旧呈现绿色。

此外，晚霜冻害也会对猕猴桃生长产生重要影响。如2006—2009年，陕西省眉县发生了4次晚霜冻害，尤其是2007年4月初的一场晚霜冻害，使猕猴桃树体新梢萎蔫、叶片干枯，导致果园损失惨重甚至到了毁园的程度（程观勤等，2009）。

（三）水　分

猕猴桃是浅根植物，抗旱、耐涝能力较差，所以它对土壤水分和空气湿度的要求都相对严格。野生资源分布区年降水量为

740～1 865 毫米，空气相对湿度为 74%～86%。一般来说，凡年降水量在 1 000～1 200 毫米、空气相对湿度在 75%以上的地区，均能满足猕猴桃生长发育对水分的要求。水分不足，会使猕猴桃枝梢生长受阻，叶片发育滞缓，叶缘枯萎，严重时甚至引起落叶、落果等。同时，猕猴桃还怕涝，在排水不良或有积水时会被淹死。我国南方的梅雨季节或北方的雨季，如果连续下雨，使根部长时间处于水淹状态，就会引起根系组织腐烂，植株死亡。例如，1998 年 8 月长江洪涝灾害发生时，成年猕猴桃树根系渍水 3 天左右，其枝蔓叶就开始萎蔫，进而整株死亡。1 年生猕猴桃树在生长旺季淹水 1 天后，会在 1 个月内相继死亡；淹水 6 小时以内时，树体虽未死亡，但会出现叶片黄化脱落的现象。

总之，防旱和防涝工作应贯穿于猕猴桃生产的始终，不可掉以轻心。猕猴桃的抗旱、耐涝能力，因种类和品种不同而异。一般来说，抗旱能力较强的种和品种，侧根较发达，叶面茸毛较密、叶色较深、蜡质层较厚(即美味猕猴桃的抗旱能力强于中华猕猴桃)。另外，高温干旱地区选出的品种，抗旱性相对较强，如源红、金硕等。

(四)光 照

多数猕猴桃都属于中等喜光性树种，喜半阴环境和漫射光，要求日照时间为 1 300～2 600 小时，自然光照强度以 40%～45%为宜。最忌强光直射、暴晒，否则会引发果实日灼病、叶缘焦枯，严重者导致整株死亡。猕猴桃不同树龄期对光照的要求不同，如幼苗期喜阴凉，需要适当遮阳；成年结果树则需要一定光照才能结果，光照不足易使果实发育不良等。

(五)土 壤

猕猴桃对土壤适应性较强，冲积土、黄壤、红壤、黄褐壤、黄棕壤、棕壤、灰褐色森林土、乌沙土、黄沙土都能生长，尤其喜欢土层深厚、保水排水良好、肥沃疏松、腐殖质含量高的砂质壤土。对土壤酸碱度的要求以酸性或微酸性土壤为宜，最适 pH 值范围在 5.5～6.5。在中性（pH 值 7.0）或微碱性（pH 值 7.8）土壤中也能生长，但树体生长期常出现黄化现象，生长相对缓慢。

（六）风

猕猴桃嫩梢长而脆，叶大而薄，易遭风害。春季干冷风常使枝条干枯；夏季干热风常使叶缘焦枯、叶片凋萎。

第四章　科学建园

一、园址选择与设计

(一)园址选择

1. 气候和土壤条件　商品生产基地的选择，首先要参考当地的自然气象和土壤资料。猕猴桃园地应选择在年平均温度15℃左右，极温不低于－13℃、不高于40℃；气候温暖湿润；年降水量要求在1 200～2 000毫米；无霜期240天左右；海拔在400～1 000米的地方。

最好选择土层深厚，土质疏松肥沃，土壤pH值为5.5～6.5，即呈中性或偏酸性的砂土或壤土建园。土质疏松但有机质缺乏的红黄壤地区，经过改良后可以种植猕猴桃树；土层太薄、土壤过于黏重、缺乏腐殖质的土壤不宜发展猕猴桃；重盐碱地区不宜种植猕猴桃；易发生霜害地区也不宜建园。此外，园区地下水位应在1.2米以下。水源匮乏或地下水位极高的区域不适宜建猕猴桃果园。

2. 位置　尽量选择交通方便、靠近水源(如水库、河流、渠道等)及远离大型工厂的地区；搞休闲果园时，要充分考虑客源市场等因素；山谷低洼地、霜冻较严重且易积水之地，不宜建园；高海拔地区猕猴桃易受冻害、易诱发溃疡病，也不宜建园。

3. 地形、地势　建园时，最好选择平地，方便机械化操作和管理维护；山地建园选择坡向最好为背风向阳的地段，且坡度宜选小于25°的地块，以利于水土保持，且便于农事操作；丘陵地建园要具备灌溉条件，而且要做好果园排水工作。实际上，完全满足以上条件的地方并不多，但具有排灌条件且气候适宜的地区，也可以作为栽培地点。

（二）果园设计

1. 绘图 对于所选地块，若是平（缓）地应绘出平面地形图，图中标出原有的道路沟渠、距离等；若是坡地则应绘出等高线图，同样标出道路沟渠等。

2. 果园规划 猕猴桃是多年生产的果树，所以应充分利用当地有利的自然条件和资源，在建园之初就应合理规划、布局。根据地形图，在园区先规划出小区、道路、排灌系统、防风林、工具房等附属建筑；再划出种植区及种植的行向等。

（1）小区 园地面积较大时应划分作业小区。小区面积要根据地形、土壤、果园规模以及机械化程度而定。同一小区内尽可能使土质及小气候一致，地形及小气候复杂的小区面积应小，一般为1～2公顷；平地小区面积大些，为2～4公顷或更多。小区形状以长方形为宜，便于机械化操作，尽可能使小区的长边与有害风方向垂直，山地小区的长边与等高线平行，以便于作业及水土保持。

（2）道路 大型果园的道路分为三级：主干道、支路、小路。主路要求位置适中，贯穿全园，且与园外公路相连。支路是连接各小区与主干道的通路，如果小区面积较大，可在小区内留小路。主干道一般宽6～8米，能通过大型汽车；支路4～6米，能通过小型汽车和农耕机械，支路一般为小区的分界线；小路宽1.5～2.5米，主要为人行道，能通过大型喷雾器。山地果园的主路可环山而上或呈“之”字形。顺坡的主路或支路可设在分水线上，不要设在集水线上。

（3）排灌系统 猕猴桃树抗涝、抗旱性均比较差，所以一定要做到旱能灌、涝能排。在果园规划中，水源是首要解决的问题。果园内的排灌系统应尽量与道路、防护林网相结合，以节约用地且不妨碍交通为宜。下面以山地果园和平地果园为例来介绍各自的排灌系统及特点。

山地果园最好在上坡设有拦水沟与蓄水池，这样雨季既可蓄水，又可顺坡排灌。灌溉时可采用沟灌，有条件的地方可采用喷灌、滴灌等。灌溉时最好从水库引水，或在每一山头修蓄水池，引水灌园(蓄水池的大小根据园地面积和灌溉方式而定)。山地果园的排水，主要是采用等高撩壕的方式，或在梯田内侧设排水沟，并使排水沟与灌溉渠道相通。在坡度较大的浅山和梯田果园，排灌系统要分级设跌水，防止因水流过猛而毁坏设施。

平地果园有明沟和暗渠两种排水系统。明沟的特点是树间浅沟，园周深沟，沟深度一般为50～70厘米；而暗沟排水则是在地下埋设塑管或混凝土管等，形成地下排水系统，不占园地，更便于果园机械操作。

(4)防风林　大型猕猴桃园的防风林一般包括主林带和副林带，原则上要求主林带与当地有害风或长年大风的风向垂直。如果因地势、地形、河流、沟谷的影响，不能与主要风向垂直时，可以倾斜25°～30°，但超过此限，防风效果会大大降低。对于小型猕猴桃园，可无主、副林带之分，而只设环园林。

防风林的主林带一般设在主干道与干道两侧，主干道旁栽树6～8行，干道栽3～6行；副林带设在小区间，为2～3行。面积较大的小区，副防风林带间每20～25米设一道由竹竿、高于秸秆和木本树枝组成的临时防风篱。防风林带一般距果园5～7米，与果园之间用深沟隔开，以防止林带树种根系向果园内生长。防风林带应以乔、灌木结合为宜，乔木与灌木之比为1～2∶1。

防风林树种应选择具有较高经济价值的，与猕猴桃树种没有共同病虫害，且所选树种的花期与猕猴桃的花期不能重合，以免影响猕猴桃的授粉和坐果。防风林带最好是生长快、寿命长、树冠紧凑、根系分布深的乔木树种与矮小密生的灌木树种相结合的形式。猕猴桃园常用的乔木树种有白杨、水杉、木麻黄、云杉、柳、香椿、松等;灌木可选择铁篱寨、冬青、黄杨等。防风林要在猕猴桃植株定植前就栽好,或者同时栽种,以便及早发挥防风作用。

(5)园内的附属建筑　如果果园作为一个较完整的生产企业,进行长时间经营,那么果园内就需要规划和建造必要的管理用房与生产用房。果园辅助建筑物一般包括办公室、车辆室、工具室、肥料农药室、配药室、包装室、休息室等。其中,办公室、包装室、配药室等均应设在交通方便和有利作业的地方;休息室及工具室则设立在2～3个小区的中间,靠近干路和支路处。此外,在山区应遵循量大而沉重的物品"由上而下"的原则。例如,配药室应设在较高的地方,以便药品由上而下运输或者沿固定的沟渠自流灌施;包装场、果品储藏室等则放在较低的地理位置处。

二、优质品种苗木的选择和授粉树配置

(一)选择合适的品种

品种选择的时候,要充分考虑市场需求。猕猴桃果品以鲜果销售为主,鲜果销售量占总产量的70%左右。所以品种选择应以销售鲜果为目标,同时考虑市场的不同需求。例如,我国黄河流域及南方市场,城市较大、数量较多、人口集中、经济发达,是猕猴桃鲜果的主要目标市场,在该区域的绝大部分消费者喜好甜、甜香、甜微酸猕猴桃品种;而在北方市场,消费者则偏重于酸甜型品种。

良种区域化栽培是实现猕猴桃高产优质栽培的重要条件之

一。国内，像陕西、河南、四川、湖南、贵州、湖北、湖南等猕猴桃发展较快的地区，应该根据省份的气候特点，形成自己的特色，而不是看其他人种什么品种就跟着种什么品种。猕猴桃最大的一个特点，就是具有地区适应性，在其他地区表现优秀的品种，在本地区种植不一定表现优秀，所以不可盲目推广新品种和效仿不同气候地区的种植品种，只有适应本地气候条件的品种才可以放心大量发展。例如，四川选育的红阳品种在四川等地区栽培，会表现出较好的商品属性，但是在河南省的郑州、西峡县以及陕西省的周至等地区栽培的时候，表现出树势弱、产量低、果实小、不抗溃疡病、红色性状不稳定等不适应的性状。

猕猴桃是典型的呼吸跃变型浆果，皮薄、多汁，容易腐烂，俗语有“七天软，十天烂，半月之后坏一半”之说。所以，形成地方特色品种的时候应注意避免发展单一品种，而是兼顾早、中、晚熟的有机结合。猕猴桃果园比较合适的品种成熟期搭配早、中、晚熟的比例大致为 10∶15∶75。但同一园内品种也不宜过多，生产园不是品种园，每一品种都要有一定规模的生产量。早、中、晚熟合理搭配是可以实现市场占有供应时间长，缓解采收压力、销售压力以及劳动力分配压力的有效途径。另外，在品种规划确立主栽品种的时候，应尽量避免同其他诸多地方主栽品种一致，从而避开单一品种产量高、销售压力大以及病虫害大流行的可能性。果农应坚持适度规模发展，避免多、杂、乱的情况出现。

（二）优质品种苗木的标准

由中国农业科学院郑州果树研究所主持修订的中华人民共和国国家标准《猕猴桃苗木》(GB 19174—2010)于 2011 年 1 月发布实施。该标准中详细规定了猕猴桃苗木质量各等级的最低要求(表 4-1)，并且提出检测时不允许使用 3 年生及以上的苗木。

表 4-1　猕猴桃苗木质量标准

项目			级别		
			一级	二级	三级
品种与砧木			品种与砧木纯正。与雌株品种配套的雄株品种花期应与雌株品种基本同步，最好是同步。实生苗和嫁接苗砧木应是美味猕猴桃		
根	侧根形态		侧根没有缺失和劈裂伤		
根	侧根分布		均匀、舒展而不卷曲		
根	侧根数量/条		≥4		
根	侧根长度/厘米		当年生苗≥20.0，2 年生苗≥30.0		
根	侧根粗度/厘米		≥0.5	≥0.4	≥0.3
苗干	苗干直曲度/度		≤15		
苗干	高度	当年生实生苗/厘米	≥100.0	≥80.0	≥60.0
苗干	高度	当年生嫁接苗/厘米	≥90.0	≥70.0	≥50.0
苗干	高度	当年生自根营养系苗/厘米	≥100.0	≥80.0	≥60.0
苗干	高度	2 年生实生苗/厘米	≥200.0	≥185.0	≥170.0
苗干	高度	2 年生嫁接苗/厘米	≥190.0	≥1805.0	≥170.0
苗干	高度	2 年生自根营养系苗/厘米	≥200.0	≥185.0	≥170.0
苗干	苗干粗度/厘米		≥0.8	≥0.7	≥0.6
苗干	根皮与茎皮		无干缩皱皮，无新损伤处；老损伤处总面积不超过 1.0 厘米^2		
嫁接苗品种饱满芽数/个			≥5	≥4	≥3

续表 4-1

项　目	级　别		
	一　级	二　级	三　级
接合部愈合情况	愈合良好。枝接要求接口部位砧、穗粗细一致，没有大脚（砧木粗，接穗细）、小脚（砧木细，接穗粗）或嫁接部位凸起臃肿等现象；芽接要求接口愈合完整，没有空、翘现象		
木质化程度	完全木质化		
病虫害	除国家规定的检疫对象外，还不应携带以下病虫害：根结线虫、介壳虫、根腐病、溃疡病、飞虱、螨类		

注：苗木质量不符合标准规定或苗数不足时，生产单位应按用苗单位购买的同级苗总数补足株数，计算方法如下：差数(%)＝(苗木质量不符合标准的株数＋苗木数量不足数)/抽样苗数×100，补足株数＝购买的同级苗总数×同级苗差数百分数(%)

（三）授粉品种的选择

现有的猕猴桃栽培品种均为雌雄异株。因此，建园时除了选好适应当地的优良雌性品种以外，还必须同时选择与其相配的雄性品种。选择搭配的原则为：雄性品种的花期范围与雌性品种相同或稍宽，且雄性品种花量大、花粉量大，花粉萌芽率高，与雌株亲和性好，授粉后雌株能较好地受精、坐果。虽然用亲和性不太好的雄性花粉授粉后，雌株有时也能坐果，但是成熟后果实较小、瘪种较多，严重影响其商品价值。雌雄配置比例为雄：雌＝1：5～8，定植方式见图 4-1；也可在每株雌株上嫁接 1 枝雄株枝蔓，授粉效果更佳，也节约土地。

♀♀♀♀♀♀	♂♀♀♀♀♀♀♀	♀♂♀♀♀♀♀	♂♀♀♀♀♀
♀♂♀♀♀♀	♀♀♀♂♀♀♀♀	♀♀♀♂♀♀♀	♀♀♂♀♀♀
♀♀♀♀♂♀	♀♀♀♀♀♀♂♀	♀♀♀♀♀♂♀	♀♀♀♀♂♀
♀♂♀♀♀♀	♂♀♀♀♀♀♀♀	♀♂♀♀♀♀♀	♂♀♀♀♀♀
♀♀♀♀♂♀	♀♀♀♂♀♀♀♀	♀♀♀♂♀♀♀	♀♀♂♀♀♀
♀♀♀♀♀♀	♀♀♀♀♀♀♀♂	♀♀♀♀♀♂♀	♀♀♀♀♂♀
♀∶♂＝8∶1	♀∶♂＝7∶1	♀∶♂＝6∶1	♀∶♂＝5∶1

图 4-1　猕猴桃雌雄配置比例为雄∶雌＝1∶5～8 的定植方式

注：♀为雌株，♂为雄株

如果园地周围防风林带或附近其他果园，存在与猕猴桃花期相同的树种，会影响其授粉效果。因为猕猴桃的花属风媒花和虫媒花，在花期无风时主要靠昆虫（特别是蜂类）传粉。但其雌、雄花的蜜腺均不发达，对蜂类的吸引力比有蜜腺的树种差，如周边有花期相同的其他果园（如柑橘园）、防风林和花草等，则蜂类等传粉的昆虫会被引走而影响猕猴桃的传粉。所以，一定要在建园选址时尽量避免上述情况，同时也要适当增加园内雄株的配比。

花粉直感，是父本花粉对种子和果实的直感效应。2006 年笔者就生产上常用的 3 个猕猴桃即“哑特”、“秦美”、“徐香”，分别选用 4 种美味猕猴桃花粉进行人工点授，以自然授粉为对照，建立 15 个授粉组合（表 4-2），旨在研究花粉直感现象在猕猴桃树种上的表现。研究表明，猕猴桃在果实坐果率、单果重、可溶性固形物、横径、纵径、果形指数、硬度、果实形状等方面表现出明显的花粉直感效应。所以我们建议，在授粉的时候应尽量选择具有良好的花粉直感效应的花粉。

表 4-2　不同品种授粉对果实内外观品质的影响

处　理	采收期（月·日）	单果重（克）	纵径（厘米）	横径（厘米）	果形指数	可溶性固形物（%）	硬度（千克/厘米²）
秦美×I-3-2-2	10·30	57.3	5.286	4.587	1.15	14.3	0.63
秦美×I-1-6-5	10·30	34.3	4.325	3.844	1.13	13.7	0.59
秦美×I-1-5-3	10·30	39.2	4.43	4.007	1.11	14.1	0.66
秦美×I-1-15-4	10·30	33.0	4.232	3.829	1.11	14.6	0.64
对　照	10·30	44	4.522	4.312	1.05	14.4	0.54
哑特×I-3-2-2	10·30	68.9	5.635	4.686	1.20	19.1	0.62
哑特×I-1-6-5	10·30	40.9	4.207	4.165	1.01	17.1	0.62
哑特×I-1-5-3	10·30	38.4	4.211	4.025	1.05	18.5	0.67
哑特×I-1-15-4	10·30	57.6	5.011	4.425	1.13	18.9	0.68
对　照	10·30	47.7	4.742	4.279	1.11	18.9	0.85
徐香×I-3-2-2	10·8	31.3	4.654	3.704	1.26	18.1	0.47
徐香×I-1-6-5	10·8	27.9	4.088	3.346	1.22	19.3	0.57
徐香×I-1-5-3	10·8	21	3.778	3.203	1.18	18.8	0.45
徐香×I-1-15-4	10·8	22.6	3.877	3.285	1.18	18.4	0.42
对　照	10·8	29.8	4.254	3.621	1.17	18.2	0.54

三、定植技术

(一)定植时期

猕猴桃幼苗的最适定植时期为落叶后至翌年伤流前。如果定植后要补苗，可于当年 6～8 月份选择低温、阴雨天气带土、带叶移栽，定植后对幼苗进行遮阳，可达到较高的成活率。津、京等北方地区因冬季寒冷，影响苗木成活率，适宜春栽，以苗木伤流前栽为宜；南方冬天不会上冻，因此以秋栽为宜；四川盆周丘陵区则以 11 月初至翌年 3 月初定植为宜。

（二）定植苗木类型选择

定植的苗木可直接定植品种嫁接苗，也可选用健壮的实生苗栽植后，于当年或翌年嫁接所需的品种。华光安等(2003)在 1998 年同时进行了魁蜜成品苗直接定植，以及实生苗定植后于翌年春季切接魁蜜品种接穗的栽培模式对比试验。观察结果发现，两种模式定植后的第三年都能投产，但是定植的实生苗与定植的成品苗相比，其产量在第一年和第二年分别提高了 110.7%和 150%，而且作为试验的魁蜜品种平均单果重增加了 11 克(表 4-3)。

表 4-3　两种栽培模式效果比较

项　目	定植的翌年主蔓上架株数(株)	每株结果母蔓数		产量(吨/公顷)		主蔓上萌蘖数(个)			果实重(克)	含糖量(%)
		2000 年	2001 年	2000 年	2001 年	1999 年	2000 年	2001 年		
成　苗	84	5.2	12.1	6.33	12.00	5.2	8	9	91.35	18.17
实生苗	100	15.4	38.6	13.50	30.00	0.3	0.5	0.6	102.28	19.89

通过上述试验可以看出，定植实生苗相比传统定植成品苗更具有提前进入丰产期的优势。实生苗定植第一年，主要是培养强大的根系，以便于吸取、贮存充足的营养。翌年嫁接后，猕猴桃主蔓就可以快速生长，萌芽后第三十五天，蔓枝就可以爬到架面上。而且实生苗通过定植，能达到主蔓直立性的效果。直立的主蔓可为当年形成健康的结果母蔓创造条件，这不仅有利于猕猴桃早期丰产，还能减少抹芽等工作量，以及树体对营养的贮藏。

定植实生苗，最好选择树干生长充实、健壮、无危险性病虫害、根系发达，有15～20条长度在20厘米左右侧根的野生美味猕猴桃实生苗。地径一般在0.5～0.6厘米，于秋末冬初定植，每定植穴定植2株，增加单位面积实生苗存活株数，为嫁接后的早期丰产奠定基础。野生猕猴桃根系虽不及栽培猕猴桃实生苗根系发达，但是其抗逆性强，特别是抗根腐病、黄化等能力较强。

（三）定植方法

定植行向一般以南北行为佳；在山坡地沿水平等高线栽植。

1. 整地 猕猴桃园整地方式因土壤类型和地势等因素而有所区别。平地、缓坡地（坡度≤20°）建园时，要采取撩壕改土（深80厘米，宽1米）或用深翻机全园深翻50厘米以上的方式，并保证翻耕均匀、基底平整、不留硬地、不出现坑洼，尤其对地下水位偏高，长期浅耕操作，较黏重、贫瘠，地表20厘米以下土壤存在“生土层”的地块更应如此；不宜采用挖穴的方式，挖穴定植不利于排水，雨季容易淹水烂根而造成死树。若以漫灌方式浇水，还要平整土地，以防止灌水时形成“跑马水”以及因地面高低不平而造成局部积水或干旱现象。

坡地建园（20°≤坡度≤45°），要采用坡改梯，再聚土起堆的方式进行。改土前，先清除园区内杂草和杂林，使坡面基本平整。使用大型挖掘机将斜坡做成厢面宽4米、内侧稍低的等高梯田，梯田走向应与等高线平行，斜坡面则用机械压实或人工用石头堆砌以防水土流失。然后按照事先确定的株距确定定植穴位置，并用小型挖掘机挖定植穴。山区、丘陵地要沿等高线整平，整平后拉出行线挖定植沟（穴），增加有机肥施用量，以利于灌水、土壤改良、雨季排水及以后的扩穴改土。

黄黏土等土壤较为黏重、透气性不好，要增施圈粪等有机肥或掺沙来疏松土壤；要挖大穴，以起到改良土壤的作用。沙土地或石砾河滩地，虽然疏松，但土壤瘠薄，要挖大穴并多施有机肥来增加土壤肥力，保证果树正常生长。河滩地属碱性，多施圈肥，可起到淡化碱性、改良土壤的作用；也可穴施硫磺粉，调节土壤 pH 值。山地土层较浅，也要挖大穴增施有机肥，来增加根系生长的空间，否则很难扎根，形成“小老树”。

中低海拔地区建园，尤其是地下水位偏高或土壤偏黏重的地区建园，刚定植的树，为了浇水方便，保证苗木成活，可沿树行整成一个 50～60 厘米宽的平畦。待苗木成活稳定后，要想改变这种整地方式，应沿树行起高畦，使树行正好在高畦脊背上的中间，而行间较低。垄沟的深度视地块排水难易和当地雨量而定。排水方便而雨量较少的北方，垄沟深度 25～30 厘米即可满足排水要求。在排水不便和雨水多的南方，垄沟深度要增加到 40 厘米以上，如在上海地区，沟深可达 50 厘米。以后随树体的生长，加宽高畦；2～3 年后高畦变成沿树行的高凸起，行间则仅有一条宽 40～50 厘米、深 20～30 厘米的沟。灌水时水沿行间流淌，此整地方式会使每次沿行间浇的水渗透到猕猴桃根部，而树根茎交界处及树盘内无积水，减少因积水而导致的烂根和根部病害的传播。而且，树冠周围的水分是渗透过去的，会使树盘内表土层一直保持疏松状态，从而提高了土壤的透气性。在行间浇水，会增加行间土壤湿度，吸引根系向行间扩伸，扩大根的吸收面积。这样的整地方式还有利于雨季的排水。

2. 开挖定植沟 定植沟一般宽 1 米、深 60～80 厘米。因猕猴桃属浅根性树种，根系扩展的面积比较大，故定植坑应挖宽而不必太深。冬季建园一般于 12 月中旬前挖好定植沟。首先，挖坑时把表土（深 20～30 厘米）和底下的生土分别放在坑的两边。其次，土壤回填前，在沟内率先填入 0.2～0.3 米深的玉米秆、麦草或锯末等物。然后，每个定植坑施腐熟的人、畜粪肥 15～20 千克，同时填入表土，并将表土与粪充分混合拌匀，填到秸秆等肥料的上部 0.4 米左右。最后，填生土至高出地面 0.1 米左右，踩实。填满沟后浇一次“塌地水”。在石砾土上挖穴，要一边挖一边将石头捡掉，不要将大石头填到穴间。

3. 定植苗木 我国目前多采用的株行距为3米×4米，每公顷大约栽植834株；也有的实行计划密植，行距4米，株距1.5米；也有的株行距为3米×3米，而新西兰采用行距6米，株距5米，在我国则很少采用。定植前按照确定的行株距，先测行线，再测株线，株、行线的交叉点即为定植点。

(1)解绑 栽苗前对嫁接苗的塑料条要解绑，或用刀片将塑料条纵向划开。

(2)苗木定干 嫁接部位以上只选留一个壮枝，其余疏除，并对保留的壮枝选留2～3个饱满芽，剪掉距最上端芽5厘米以上的枝条，进行定干。

(3)根系处理 剪除枯枝、枯根和烂根，对长达30厘米以上的根适当短截。为提高栽植成活率，栽前先用泥浆蘸根，泥浆中同时掺入允许使用的低毒杀虫剂、杀菌剂和生根粉。

(4)栽苗 为了不发生错乱，栽苗时先栽完雄株再栽雌株。在各点视苗木根系的大小，挖0.3～0.5米^{3}的定植穴，将苗木根系舒展开放在穴中心。绝不能让苗根接触基肥，否则会烧死苗木。定植时，要把苗木扶直、摆正，使根系舒展。埋土时，在苗根埋到1/3和2/3左右时各向上提苗1次，使根系舒展。栽后应立即浇透水，以使苗木根系与土壤紧密结合，水下渗后，继续埋土，苗木在穴内的放置深度以穴内土壤充分下沉后，根茎部大致与地面持平，或嫁接口露出地面3～5厘米为宜。继续埋土是为了保墒，防止土壤水分蒸发过快，导致苗木表层干裂。有条件的地方，可以在水下渗后，封土盖地膜保湿、保温。栽后15～20天即春季展叶后检查成活率，并及时补栽缺苗。

四、嫁接苗定植后的管理

(一)遮　阴

猕猴桃是一个中等喜光树种,幼苗期喜阴需适当遮阳。可在苗上架设遮阳网等;也可结合行间种植高秆作物,如玉米等,不仅可以解决幼树遮阳问题,还能让果园早期有一定的经济收入。但必须注意,玉米不能过密,一般每个行间种2～3行为宜,否则会严重影响猕猴桃的光合作用,导致植株生长慢、长势弱。

(二)树盘覆盖

定植后即行覆盖。尤其在5月份容易出现异常高温的浙江、河南、湖南等地区更应注意。在树盘60～80厘米直径范围内铺10～15厘米厚的稻草、蕨类和栏肥等(根茎部应留碗口大小空隙),然后加盖一定量的泥土,提高覆盖效果。

目前,较为流行的是在行内铺设黑色无纺布。无纺布不但可以防止杂草生长,还具有透气、亲水、增温、保墒、免耕等作用。而且,无纺布是可降低环保材料,是当代果园管理中较好的生产资料。

(三)水肥管理

灌水一般要求勤灌少灌,保持土壤湿润为宜,切忌积水。通常开春芽萌动期需灌水1次,夏季高温干旱时灌水,其余时间视土壤干旱程度浇水。春夏雨季或遇暴雨时要搞好排水,以防积水引起霉根、烂根。排水沟应在根系密布层以下(约土层下60厘米处),做到畦沟、围沟和中沟互通。

6月份以后,每月施1次薄肥,结合抗旱用0.5%尿素加

0.5%多元复合肥浇施，肥料切忌干施和撒施，直到8月份。9月份以后，叶面喷0.1%尿素和800倍70%代森锰锌或硫酸链霉素的混合液1次。

(四)立杆与除萌

定植当年，猕猴桃抽枝一般单枝生长，不分枝。抽枝后倘若没有竹竿等依附攀爬，就会顺地爬生，叶腋会发出新枝，从而影响主干生长及日后的上架时间。将主干引缚在垂直支柱(竹竿、硬枝等)上，让新梢向上生长，更有利于植株采光和利用顶端优势。定植后及时在苗旁10厘米处立直径2～3厘米、高1.8～2.0米的竹竿或木棍，待新梢萌发20厘米长时用软质布条打"∞"形结，引绑到立杆上，以后每隔20厘米即向上引绑，直至主干所需高度。

从苗木抽发新梢开始，就应及时抹除萌蘖，每隔7～10天1次，直至不再产生萌蘖为止。

(五)中耕除草

视土壤情况适时中耕松土，以两齿耙或四齿耙为好，可少伤根。不宜在高温季节进行松土除草，特别是树盘内的杂草。对树盘内猛长的杂草，可用镰刀割除后覆盖于树盘上。

(六)幼树防寒

猕猴桃幼树抗寒能力较差，北方最好在入冬前进行防寒。方法如下。

1. 涂白包裹法　用石灰水加石硫合剂，按4～5：1配成涂白药液，粉刷树干和主枝，过1～2天后，用稻草或麦草将树干包扎。这样既能消灭树丁皮缝中的越冬害虫，又可起到防寒保暖作用。

2. 垒土法　将树干根部位置的土壤垒高50厘米左右，也可以用各种作物秸秆、树叶、软草、腐熟马粪、细碎圈肥土等代替土壤堆砌。

3. 包裹法 直接用稻草捆绑主干和主蔓，树盘内可以覆盖20厘米左右厚的柴草，以保护根茎；也可以根据天气情况，给猕猴桃幼苗套塑料袋保温。

（七）行间套种

1. 猕猴桃园进行适当间作的好处

第一，可以合理利用太阳光能，经济利用土地，增加果园产值。

第二，幼龄猕猴桃树体（1～2年生树）喜欢遮阳环境，可在果园内适当套种1年生高秆作物，对幼龄苗木遮阳，提高其成活率。

第三，可以调节地温，使地面昼夜温差相差不大，既保护树体枝干免受日灼，又可以减少根系冬季冻害。

第四，间作物覆盖地面以后，可以保水固土，防止水土流失。同时，可以降低果园地面水分蒸发量，减少灌水次数。

第五，可以增加土壤有机质含量，改良土壤结构，减少有机肥的施入，从而降低果园肥料投入的成本。

2. 猕猴桃间作方法及效益 倘若猕猴桃果园内间作方案不合理，就会引起猕猴桃树体与间作物间肥水和养分的竞争，不但会提高果园管理的难度，甚至还会造成猕猴桃幼苗死亡。所以，种植间作物时，须针对间作物种类、种植方式等计划周全，以防本末倒置。猕猴桃果园间作的原则要以增加产值而又不影响猕猴桃树正常生长为原则。

（1）幼树时期　为了遮阳，可在行间种高秆作物，如玉米之类。注意套种物距猕猴桃植株50厘米以上。

（2）成龄果园

第一，可以选种一些耐阴的经济矮秆作物，如草莓、马铃薯、韭菜、葱、蒜之类，这些作物不影响猕猴桃生长，开花期与猕猴桃不同，也不影响蜜蜂传粉。

第二，有些药材，植株矮小，耐阴性强，生长旺盛，能早期覆盖地面，而且吸收养分水分比较少，病虫害少；有些药材还可以驱避害虫，所以猕猴桃园间作药材效益也很好。例如，山西晋中有的果园间作菊花，每公顷收菊花 3 000 多千克；也有的果园间作白术、牡丹等，在春天移栽于果园行内，一般管理，牡丹第四年刨出销售，每公顷收入 30 000～45 000 元，不但效益可观，而且刨掘时也进行了果园深翻，一举两得。适宜果园间作的药材还有：红花、冬花桔梗、半夏、地黄、丹参、元参、白芍等。

第三，果园还可以间作食用菌和一些牧草等。例如，王增信等(2001 年)在成龄猕猴桃地里进行了木耳、香菇、蘑菇三种食用菌配套栽培，认为猕猴桃园栽培上述三类食用菌产量均明显高于露地，经济效益为木耳＞香菇＞蘑菇，且组合模式的效益比单独种猕猴桃增加 6.5～11 倍。这是因为猕猴桃与食用菌之间具有互补互促的作用，猕猴桃园可提供食用菌良好的温、湿、光、气等条件；食用菌释放出二氧化碳有利于猕猴桃进行更好的光合作用，其菌渣又是良好的肥料，可改善土壤理化状态，促进生态良性循环。减少了猕猴桃园肥料的投入成本，提高了猕猴桃园种植的经济效益。敖礼林等(2003 年)在猕猴桃幼树棚下套种黑麦草养鹅试验，也明显提高了幼龄果园的经济收入。

对于以上成功案例，果农朋友不妨加以借鉴，以期更好地提高果园的经济效益。

此外，猕猴桃园也可以在行间种绿肥作物，一般绿肥作物根部具有根瘤菌，都有深根聚氮作用，能固定空气中和土壤中的氮素。例如，1 000 千克紫穗槐嫩枝叶含氮量就相当于 60 多千克硫酸铵。除氮外，绿肥作物还含有较多的磷、钾等元素(表 4-4)。所以，绿肥作物不但可以改良果园土壤、提高其肥力、增加产量、减少果园肥料投入，还可以减少除草、浇水等管理任务。据中国农业科学院郑州果树研究所在苹果园里的研究表明，在沙地果园连续 5 年行间种植绿肥，可增产44%～50.2%，且每1.5～4千克绿肥增产苹果0.5千克，每增产100千克苹果，只需投资1.4～3.4元。

表4-4 主要绿肥的养分含量

绿肥种类	水 分	鲜草成分			干草成分		
		N	P_2O_5	K_2O	N	P_2O_5	K_2O
紫穗槐	—	1.32	0.30	0.79	3.02	0.68	1.81
紫花苜蓿	83.3	0.56	0.18	0.31	0.53	0.53	1.49
草木樨	80.0	0.71	0.23	0.61	2.46	0.38	2.16
绿 豆	85.6	0.52	0.12	0.93	2.08	0.52	3.90
荞 麦	—	0.46	0.12	0.35	—	—	—
油 菜	82.8	0.43	0.26	0.44	2.52	1.53	2.57

五、实生苗定植后的管理

实生苗定植后，选留3个饱满芽，离地面20厘米左右处短截。3个芽向上生长，长到20厘米左右时，选留一个健壮枝继续向上生长，其余2个反复摘心控制生长，并在植株旁边插一木棍，引导植株向上攀爬。在栽植地留出2米宽的生长带，然后栽桩、搭架、施肥、灌水。与定植成品嫁接苗的操作相比，有以下几点不同。

（一）嫁接时期

嫁接时间对嫁接成活率的影响很大，并且明显大于嫁接方法对其成活率的影响。倘若实生苗粗细适中，那么定植后的当年6月中下旬和8月底、9月初是嫁接适期。过早嫁接，苗木很有可能尚处于伤流期，影响嫁接成活率；10月份以后嫁接，接芽虽能愈合，到了冬季却容易冻死。此外，嫁接还应避开夏季高温、多雨的时期。实生苗生长期嫁接成活率明显高于休眠期时的成活率。6月中下旬嫁接时，砧木和接穗组织充实，温、湿度有利于形成层的旺盛分裂，容易愈合，成活率高，而且当年能萌发，翌年可结果。8月底、9月初嫁接，当年嫁接愈合，翌年春天萌发早、生长健旺、枝条充实、芽饱满，第三年可结果，且结果量多。

（二）接穗的选择

接穗品种的选择可参考本章第二节“选择合适的品种”中的内容。接穗要在品种纯正、健壮、充实、芽眼饱满的1年生枝上采集，有病虫害、生长细弱或徒长枝上不能采集接穗。采集接穗时要将接穗的品种、雌雄分别挂牌标记、捆绑好。冬季采集的接穗可埋于地窖或地沟内沙藏，以保持湿润。生长季节采集接穗时应将叶片立刻去掉，只留叶柄，所留叶柄不要超过0.5厘米，以防接穗失水过快，影响嫁接成活率。接穗应放置在阴凉处，最好随剪随嫁接。如果短时间不用或外运，要把接穗下部浸入水中或用湿布等包裹起来保湿；也可放水井内，能多保存几天；或放在冰箱内，温度保持4℃～5℃即可。在田间嫁接时，要将接穗放在阴凉处并用湿布包裹，切忌在太阳下面暴晒。

（三）砧木粗度的选择

宋爱伟等(2008)研究认为：地径大于0.7厘米的实生砧木苗，大田栽植成活率为94%，可直接就地嫁接；地径0.5～0.7厘米时，栽植成活率87%，栽后翌年6月底至7月初可嫁接；地径0.4～0.5厘米时，栽植成活率77%，栽后翌年9月份可嫁接；地径小于0.4厘米，栽植成活率仅为62%，需1年后才能嫁接。因此，粗细不同的实生砧木苗要分开栽植，以便分期、分批嫁接。砧木越粗，其抗日灼、干旱、高温和干热风的能力越强，栽植成活率越高，并能早嫁接、早成园。砧木粗，虽然栽植成活率高，但其嫁接成活率并不一定高。试验结果表明，砧木地径（靠近地面的直径）在0.6～0.7厘米、距地面（或根系以上）5厘米处的直径0.5～0.6厘米时嫁接成活率最高。

（四）猕猴桃较常用的嫁接方法

1. 劈接法　此法多用在春季萌芽前，且接穗粗度小于砧木粗度的情况下。砧木新梢留叶应适量，因为留叶太少，营养面积小，嫁接后生长不良；留叶过多，砧木过长，结果部位外移，不紧凑。该嫁接方法优点为嫁接后愈合快，成活率高，萌芽快，接口牢固，遇风不易折断。具体做法如下（见图4-2）。

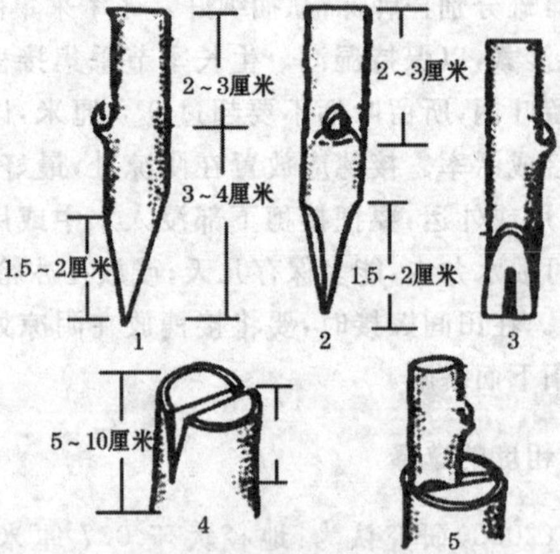

图4-2　劈接示意图

1. 接穗正面　2. 接穗反面　3. 接穗侧面
4. 砧木劈口　5. 插入状态

第一，做砧木的实生苗基部留3～4个芽，在离地面5～10厘米半木质化的光滑处横向剪断，在断面中间纵劈一个长约3厘米的接口。

第二，作接穗的枝条，将接穗剪留 1～3 个芽，分别在上端剪口距芽 2～3 厘米和下端剪口距芽 3～4 厘米处剪断，然后将接穗下端削成斜面长 1.5～2.0 厘米楔形。楔形的两个斜面是否大小一致，取决于砧木上切口的位置。切口位于砧木断面正中时，则两个斜面大小一致；不在正中时，则两个斜面一大一小。切口大小应尽量与砧木上的切口接近。

第三，将削好的接穗插入砧木切口，二者至少一边形成层对齐，用宽 1 厘米左右的农膜分别将包括接穗上端的所有伤面包严绑紧，仅露接穗叶柄和芽眼。接穗上端剪口也可采取封蜡法，防止水分散失。

2. 舌接法　又称双舌接，此法多用在春季萌芽前；或冬季进行室内嫁接时，接穗与砧木粗度相等或接近的情况下。优点为砧穗形成层接触面大，愈合快，有利于成活。具体做法如下（见图 4-3）。

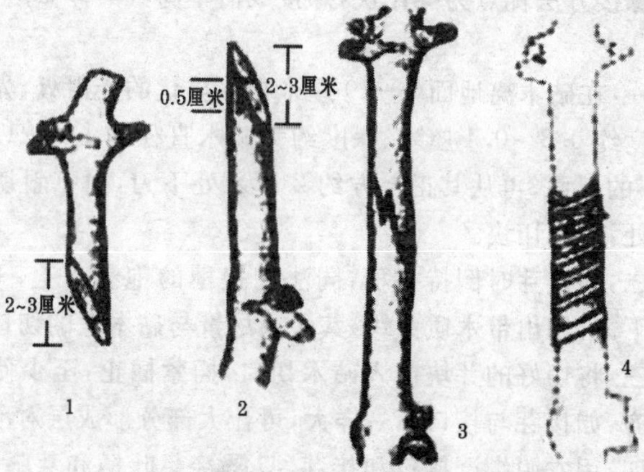

图 4-3　舌接示意图

1. 削接穗　2. 切砧木　3. 接合接穗和砧木　4. 包扎

第一，将砧木和接穗分别按上述劈接法要求剪断，在砧木的剪口和接穗的下剪口光滑处分别削出倾斜 25°～30°、长约 2～3 厘米的斜面；砧木和接穗分别在其距斜面尖头约 1/3 处，与纵轴平行，纵切深度约 0.5 厘米长的切口；将砧木和接穗两个切口对接严密，二者一边或两边形成层对准，尽量不要错位。

第二，用弹性塑料条分别将所有伤面包严绑紧，包括接穗上端。接穗上端剪口可用封蜡法，防止水分散失。

第三，室内嫁接好的嫁接苗，最好放在 20℃～25℃保湿环境中 25～30 天，使其伤口充分愈合后，再栽入自然条件下的苗圃中。冬季如果外界温度过低，栽苗过程以及栽后，都要注意及时埋土或覆盖防寒。苗木根系极易受冻害，-1℃持续半小时就可出现根系冻伤。

3. 嵌芽接法 也称带木质部芽接，在所有嫁接季节都可以采用。该嫁接方法优点为操作快，嫁接成活率高。具体做法如下（图 4-4）。

第一，在砧木离地面 5～10 厘米半木质化的光滑处，先在下部切一长度约 0.3～0.4 厘米、深度约为砧木直径的 1/4～1/5、斜度约为 45°的斜面；再从其正上方约 2 厘米处下刀，向下斜切至第一刀的深处，去掉切块。

第二，削接芽时倒持接穗，同法在接穗的饱满芽上、下方各 1 厘米处下刀，切出带木质芽块，其大小尽量与砧木上的切口一致。

第三，将切好的芽块插入砧木切口，插紧插正，至少使一边形成层对齐，如接芽与接口不一样大，可让大部分形成层对准。

第四，用农膜绑严接口和接芽，只露接芽叶柄和芽眼，防止水分散失。上半年嫁接时，接芽可露在外面，有利于成活后立即萌发。但秋季嫁接则要包住接芽而且不剪砧，以防冬前萌发。

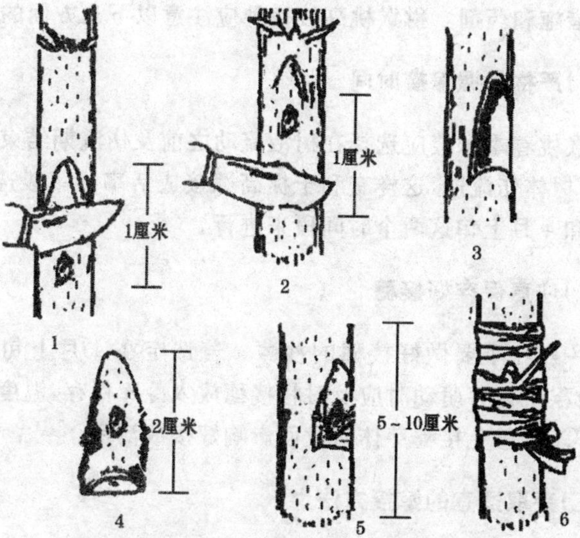

图 4-4　嵌芽接示意图

1. 接穗芽上下刀方式　2. 接穗芽下下刀方式　3. 取芽片后的接穗状态
4. 取下来的芽片　5. 接芽与砧木切口相贴　6. 绑缚

六、高接换头的猕猴桃果园操作方法

猕猴桃树的高接换头是指通过对各个枝条进行改接，在砧木的高处或在劣种猕猴桃的树冠上嫁接优良品种接穗，进而把整棵猕猴桃树全部改成优良品种的一项技术。科学的高接换头，可达到当年树冠恢复原状，第二年挂果、第三年丰产，无新栽果树的幼龄期，迅速实现更换品种、早结果、早受益的目的。高接换头品种选择的原则同新建园，品种来源一定要可靠、纯正，接穗要健康，没有任何病虫害（尤其是病毒病和溃疡病）。目前，发现的猕猴桃病毒病主要有褪绿叶斑病毒、花叶病毒和猕猴桃疯病病毒，溃疡病主要是指细菌性溃疡病，均可通过嫁接传播，且一经传播，没有特效的防治措施和药剂。猕猴桃高接换种应注意以下几方面的问题。

(一)严格掌握嫁接时间

猕猴桃春季嫁接应选择在树液流动之前及伤流期结束之后进行,避开树体伤流期,这样有利于提高嫁接成活率。一般选择在2月下旬和4月上旬这两个时间段来进行。

(二)注意保存好接穗

头一年冬季要做好接穗的沙藏。若选定在4月上旬进行嫁接,在猕猴桃树芽萌动时应及时将接穗放入冷库保存,温度控制在0℃～5℃,以避免接穗芽体萌发而影响嫁接成活率。

(三)采取适宜的嫁接方法

猕猴桃高接换种宜采用劈接和皮下接这两种嫁接方法。另外,因春季气候干燥,接穗易于失水干枯,所以绑扎时除芽体露出外,将接穗其余部分全包扎紧实。因为用过的旧塑料膜容易导致嫁接部位感病,所以包扎时要注意用新的塑料膜绑扎。嫁接时,接头粗度在1厘米左右可采用劈接法,粗度在2厘米以上可采用皮下枝接法。

皮下枝接法:先按照主、侧蔓的位置选取嫁接枝条,取下部木质化程度高的部分,选光滑利于嫁接的部位锯断,锯口用刀削平;顺皮纵划一刀达木质部,然后将剪短的接穗下部的一面削2～3厘米的平直斜面,对应的背面再削去0.5～1厘米小斜面。将削好的接穗顺划开的砧木皮层插下,削面要全部插进去,最后用塑料带将整个接口裹紧包扎(图4-5)。

(四)选择正确的嫁接部位

1～3年生猕猴桃树一般在距地面1.5米以内选择适宜部位

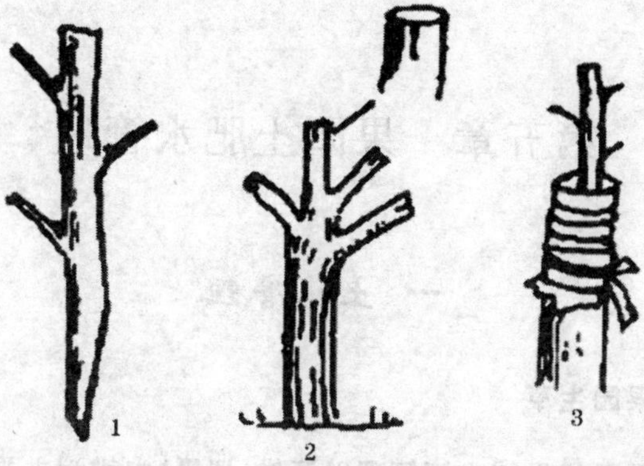

图 4-5　皮下枝接示意图

1. 接穗　2. 砧木处理　3. 绑缚

进行嫁接，4 年生以上树选择在距地面 1.0～1.5 米区段嫁接，或者利用基部萌发的徒长枝进行高接。同时树体还需留部分原品种的枝条萌发、生长，以便对树体进行辅养。

（五）搞好接后管理

宜采取猕猴桃原品种与嫁接品种当年共生的方式进行接后管理，这样既可防止因树体上部光秃造成树干日灼裂皮，又可防止因树体上下部分营养失衡导致根系衰弱，同时也可降低果农当年因品种更换而造成的过大经济损失。待嫁接品种成活后，当年冬季修剪时去掉全部原品种枝条。此外，嫁接树还必须做好施肥等土壤管理工作，以提高嫁接成活率。

第五章　果园土肥水管理

一、土壤管理

(一)果园生草

传统猕猴桃果园土壤管理以清耕、裸露、中耕为主要手段。清耕、裸露等管理方式短期效果好，但长期清耕、裸露会导致果园土壤肥力退化、生物多样性丧失、果实产量和质量下降，而且容易造成水土流失等。中耕最主要的缺点是根系破坏量大，劳动力用量大。果园生草是解决上述问题的主要途径，果园生草技术已经成为发达国家开发成功的一项标准化果园土壤管理技术。

1. 草种的选择　果园人工生草，可以是单一的草种，也可以是2种或多种草混种，例如，白三叶、红白三叶、扁豆、紫云英、紫花苜蓿，田菁、小冠花等多年生豆科植物。三叶草是目前果园生草首选的草种，特别适合猕猴桃园。三叶草生长量适中，且具有发达的根瘤菌，固氮能力强，可大量固定空气中的氮素。据测定，每公顷三叶草草地每年可固定氮素150千克。三叶草既喜肥又喜湿，耐旱能力强，适于土壤肥力较高的地块；该品种植株低矮，只有30厘米高，根系主要分布在15厘米的地表土层，草层致密，覆盖度高；可抑制杂草生长，耐果园作业踩踏；叶多茎少，粗蛋白质含量高，粗纤维含量低，可作各种畜禽的饲草。此外，三叶草一次种植可受益5～8年；并且可在猕猴桃花期期间招引蜜蜂，促其授粉。

2. 种植方法　猕猴桃果园生草带的宽度应根据猕猴桃株行距和树龄而定，幼龄果园行距大生草带可宽些，成龄果园行距小生草带可窄些。

三叶草可以播种也可以移栽，移栽时间为 3～9 月，即春、夏、秋三季均可播种和移栽。移栽时从草地或生草果园内用铁锨铲至土壤下 10～15 厘米，边铲边卷，将草皮卷为宽度 50 厘米左右的草卷，装车运输至目的地进行移栽。移栽前，果园要提前灌水，待水分下渗后，开深 10～15 厘米、行距 30 厘米的沟，以株距 10～12 厘米进行移栽，栽后宜喷灌浇水，不宜大水漫灌。直播的话，春、秋两季均可。首先进行细致的整地、灌水，在水分下渗可以耕作时开始播种。可采用沟播或撒播，沟播先开沟，播种覆土；撒播先播种，然后在种子上面均匀地撒一层干土。一般每 667 米^2 果园需种子 0.5 千克，覆土厚度 1 厘米左右即可。

3. 果园生草注意事项

（1）刈割　当三叶草长至 30 厘米左右时就要进行刈割，每年割草 4～5 次。刈割可采用机械刈割和人工刈割。机械刈割，可用拖拉机牵引秸秆还田机进行“八”字形甩刀刈割，留茬高度 5～10 厘米；人工刈割，可用手推式或背负式割草机进行刈割，然后将割倒的草均匀铺在地表，之后随着时间推移三叶草会腐烂分解，养分最终被果树吸收。

（2）施肥　施肥时可在非生草带内施用；也可用铁锹翻起带草的土，将肥料填充至土穴下，再将带草土放回原处压实。连续生草多年的果园，随土壤肥力的提高可逐渐减少施肥量。

（3）喷药　果园喷药时应尽量避开草，选用高效、低毒、低残留农药，以便保护草中天敌。

（4）清园　猕猴桃刮下的树皮，剪除的病虫枝、叶和果实，都应及时清理干净，不要遗留在草中，以免病虫在草中繁衍越冬。

（5）草的更新　一般情况下果园生草 5 年后，草逐渐老化，要及时翻压，使土地休闲后再重新播草或移栽。

4. 果园生草的优势

(1)保持果园土壤墒情,减少灌溉次数　果园生草可以减少猕猴桃行间土壤水分的蒸发,调节降雨时地表水的供应平衡;生长旺盛时将草刈割覆盖树盘,保墒效果更佳。据试验,在覆盖的条件下,土壤水分损失仅为清耕的1/3,覆盖5年后,土壤含水量平均比清耕多70%。生草果园比清耕果园每年可减少灌水3～4次。

(2)增加土壤有机质含量　果园连年使用大量化肥,会造成土壤板结、酸碱失衡、肥力下降,从而使猕猴桃品质变差、树势衰弱、产量下降、病虫害猖獗等。实施果园生草后,一些绿肥作物含有丰富的有机质,被翻压后能改善土壤理化性状,提高土壤肥力。据试验,在有机质含量为0.5%～0.7%的果园,连续5年种植毛苕子或白三叶草,土壤有机质含量可以提高2.0%以上。

(3)改善果园小气候　果园生草后,土壤中的水、肥、气、热更加协调。生草可以提高果园空气湿度;夏季高温时生草果园比较凉爽,对猕猴桃生长发育十分有益。

(4)延长根系活动时间　猕猴桃根系一般分布较浅,清耕果园土壤耕作较为频繁,对猕猴桃根系破坏较大;生草果园一般采用免耕法,对猕猴桃根系生长较为有利。生草管理的果园,在春天能够更早地提高地温,使猕猴桃根系活动比清耕园早15～20天;进入晚秋后,土壤温度下降减缓,可延长根系活动1个月左右,这对树体累积养分、充实花芽有很好的促进作用;冬季草被覆盖地表,可以减轻冻土层的厚度,可预防、减轻根系冻害。

(5)疏松果园土壤,提高土壤肥力　果园生草覆盖与果园清耕相比,生草果园土壤物理性状好,疏松、通气,有利于蚯蚓繁殖,促进土壤团粒结构的形成;土壤结构更稳定,透水性好,可防止水土流失。果园生草后,土壤中果树必需的一些营养元素的有效性得到提高。生草果园中猕猴桃缺钙、磷的症状减少,果树更少发生缺铁引起的黄叶病、缺锌引起的小叶病和缺硼引起的缩果病等。

(6)有利于果树病虫害的综合治理　猕猴桃果园生草使园内植被多样化，使害虫天敌有了丰富食物和良好的栖息场所，克服了天敌与害虫在发生时间上的脱节现象；使昆虫种类的多样性、富集性及自控作用得到提高，在一定程度上增加了果园生态系统对农药的耐受性，扩大了生态容量。

果园生草后优势天敌数量明显增加，种群稳定且发生量大；果园地下土壤及地上空间富含寄生菌，可有效制约害虫蔓延。整个果园会形成持久性相对较长的生态系统，从而减少了农药的投入及所带的污染，这也正是当前生产绿色有机果品所要求的条件。据眉县园艺工作站 2007—2009 年三年试验观察显示，在猕猴桃黄化病、褐斑病、溃疡病发生较为严重的地区，生草猕猴桃果园很少发病。

(7)促进果树生长发育，提高果实品质和产量　在猕猴桃果园生草栽培中，树体微系统与地表生草微系统在物质循环、能量转化方面相互连接，直接影响着果树的生长发育。试验表明，对比清耕，生草栽培果树叶片中全氮、全磷、全钾含量显著增加，树体营养得到进一步改善；花芽质量明显提高，单果重和商品果率增加；果实可溶性固形物和维生素 C 含量明显提高，贮藏性、货架期增强，且贮藏过程中病害得到减轻。

此外，猕猴桃花有粉无蜜，在传粉的时候，对蜜蜂等昆虫的吸引力小。但有些植株，如三叶草，其花期比猕猴桃花期早、花期长，若在果园种植三叶草，就会为果园引来大量蜜蜂。经观察，种三叶草的果园，吸引来的蜜蜂量是清耕果园的 2～3 倍，对猕猴桃授粉有很好的促进作用，进而也能提高果园的产量和果品的质量。

(8)降低成本、减轻劳动强度　据试验，与清耕相比，果园生草、刈割可以减少锄草用工量的 60%左右，大大减轻了工人的劳动强度；同时覆草改善了土壤物理性状，提高了土壤肥力，增加了土壤有机质含量；连年生草的果园还可减少商品肥料和农家肥的施用量，并提高肥料的利用率。

（二）化学除草

清耕或中耕果园中杂草常年发生，与果树争肥、争水。化学除草具有工效高、效果好、成本低等优点而被广泛使用，科学合理地使用除草剂能起到事半功倍的效果。但需要注意的是猕猴桃等双子叶植物，对许多除草剂都具有很强的敏感性，所以喷施的时候，一定不能碰到树体部位。另外，猕猴桃为肉质根，很容易产生药害，除草剂施用时的浓度要适当。邱宁宏等（2012）研究发现，单独使用41%草甘膦异丙胺盐水剂1 107克/公顷、1 660.5克/公顷、2 214克/公顷，或单独使用25%百草枯水剂750克/公顷，对猕猴桃园杂草防除效果好，有一定的速效性和持效性。药后15天总草株防效达82.9%～91.0%，药后30天总草株防效达87.6%～94.9%，鲜重防效达95.5%～98.9%。

（三）深翻、改土和熟化

1. 深翻对猕猴桃园土壤和树体的作用 猕猴桃根系在土壤中的分布受土壤类型、质地、水分、养分及地上部分的生长发育的影响很大。支配根系分布深度的主要条件是土层厚度和理化性状。果园深翻可以加深土壤耕作层，为根系生长创造条件，促使根系纵向伸展，根量及根部深度均能显著增加。

深翻之所以能促进根系生长，是因深翻后土壤中水、肥、气、热条件得以改善，使树体健壮、新梢长、叶色浓。据中国农业科学院果树研究所研究表明，果园深翻可以使果园土壤容量由1.40毫克/米^{3}下降到1.29毫克/米^3，土壤孔隙度由原来的47.27%上升到52.18%（表5-1）。深翻结合施肥以后，土壤有机质含量增加0.2%～0.3%，团粒结构增多会明显提高果园的蓄水保墒能力。

表 5-1　果园深翻对园土土壤容量和孔隙度的影响

土　层（厘米）	土壤容量(毫克/米³)		土壤孔隙度(%)	
	深　翻	未　翻	深　翻	未　翻
0～20	1.08	1.39	57.64	47.94
20～40	1.28	1.37	52.94	48.68
40～80	1.33	1.34	50.00	51.79
80～120	1.33	1.40	52.15	47.21
120～150	1.41	1.50	48.16	40.71
平　均	1.29	1.40	52.18	47.27

2. 深翻时期　实践证明，果园四季均可深翻，但应根据果园具体情况与要求因地制宜地适时深翻，并采取相应措施达到最佳效果。

(1)秋季深翻　秋季气候温和，雨量较多，果树地上部生长缓慢。在根系进入生长高峰期前，结合施秋肥进行深翻效果最好。此时果树地上部生长较慢，养分开始积累，深翻后正值秋季根系生长高峰，伤口容易愈合，并可长出新根；有利于养分的吸收，同时不影响翌年新梢的生长和花芽的形成。如果结合灌水，能使土粒与根系迅速密接，更有利于根系的生长。因此，秋季是果园深翻的较好时期。

(2)春季深翻　春季深翻可于土壤解冻后、伤流期到来前及早进行。此时果树地上部还处于休眠时期，根系刚刚开始活动，生长较缓慢，根系受伤后容易愈合和再生。

(3)夏季深翻　夏季深翻最好在根系前期生长高峰过后，北方雨季来临前后进行。深翻后，降雨可使土粒与根系紧密结合，不致发生吊根或失水现象。

(4)冬季深翻　冬季深翻最好在入冬后至土壤上冻前进行。

深翻后要及时盖土以免冻根。如果墒情不好，需及时灌水，使土壤下沉，防止漏风冻根。北方较冷地区（如山东等地）一般不进行冬翻，南方各省冬翻可于10月下旬至11月下旬进行。

3. 深翻的深度 应以比猕猴桃主要根系分布层稍深为度。同时，还要考虑土壤结构和土质，如土壤状况良好、土层深厚，则可适当浅翻。深翻的深度一般应达到40～50厘米。

4. 深翻方法 深翻方法较多。现介绍常用的几种方法。

（1）放树窝子 又叫深翻扩穴。幼树定植后，从原栽植穴的边缘向外深翻以扩大栽植穴，可有助于根系的伸展。第一年从定植穴外沿向外挖环状沟，宽30～40厘米，深40厘米；下一年接着上年深翻的边沿向外扩展深翻，直至全园深翻一遍。翻时表土和底土各放一边，捡出石块等。回填时，先填表土和树盘上面的草皮，并施入一定量的土粪和化肥，最后将生土放在最上面。对于山地果园，生土和石块还可以放在梯田壁上，以加固梯田壁。

（2）隔行深翻 即隔一行翻一行。这种方式比较适合于大型棚架类的成龄猕猴桃果园。每次只翻一侧，以免一次伤根过多而影响树体地上部的生长和结果。挖时捡出石块，填入表土和草皮，并施入适量的有机肥和化肥。翌年再挖下一行。

（3）全园深翻 将栽植穴以外的土壤一次深翻完毕。这种方式需要投入大量劳动力，但翻后便于平整土地，更有利于果园的耕作。

二、合理施肥

（一）肥料种类

猕猴桃园肥料主要包括有机肥、无机肥和生物菌肥三个种类。

1. 有机肥 有机肥也称农家肥，是一种安全肥料，它不但具有果树生长发育所必需的各种大量元素及微量元素，而且还含有丰富的有机质。既含有氮、磷、钾等大量元素，又含有硼、钼、锌、锰、铜等微量元素及生长激素。有机肥种类繁多，来源广，数量大，如厩肥、粪肥、饼肥、堆肥、绿肥等，其中以猪圈粪、人粪尿、堆沤肥、绿肥为最常用。各种有机肥中有效成分含量见表 5-2。

表 5-2　有机肥的种类及有效成分含量　（%）

种　类	有效成分			
	有机质	氮(N)	磷(P)	钾(K)
人　粪	20	1.00	0.50	0.37
人　尿	3.0	0.50	0.13	0.19
猪厩肥	11.5	0.45	0.19	0.60
马厩肥	19.0	0.58	0.28	0.63
牛厩肥	11.0	0.45	0.23	0.50
羊厩肥	28.0	0.83	0.23	0.63
鸡　粪	25.5	1.63	1.54	0.85
青草堆肥	28.2	0.25	0.19	0.45
麦秸堆肥	81.1	0.18	0.20	0.52
玉米秸堆肥	80.5	0.12	0.16	0.84
稻秸堆肥	78.6	0.92	0.29	1.74
苜　蓿	—	0.56	0.18	0.31
草木樨	—	0.52	0.04	0.19
田　菁	—	0.52	0.70	0.17
大豆饼	78.4	7.00	1.32	2.13
棉籽饼	82.2	3.80	1.45	1.09
花生饼	85.6	6.40	1.25	1.50
菜籽饼	83.0	4.60	2.48	1.40

虽然各种肥料发挥肥效的时间不尽相同(表 5-3),但大部分有机肥还是属于持续性较久的完全肥料。这些肥料能在较长时间内持续不断地发挥肥效,即在土壤微生物的分解作用下,不断地被果树根系吸收利用。有机肥是果树一年中吸收的基本肥料,施入土壤后能改善果树的二氧化碳需求,调节土壤微生物活动,也是构成土壤肥力的基础。

表 5-3　各种肥料的肥效速度

种　类	各年肥效(%)			开始发挥肥效时间(天)
	第一年	第二年	第三年	
腐熟细粪	75	15	10	12～15
圈　粪	34	33	33	15～20
土　粪	65	25	10	15～20
炕　土	75	15	10	10～12
人　粪	75	15	10	10～12
人　尿	100	0	0	5～10
马　粪	40	35	25	15～20
羊　粪	45	35	20	15～20
猪　粪	45	35	20	15～20
牛　粪	25	40	35	15～20
鸡　粪	65	25	10	10～15
草木灰	75	15	10	15 天左右
生骨粉	30	35	35	15 天左右
硫酸铵	100	0	0	3～7 天
硝酸铵	100	0	0	5 天左右
尿　素	100	0	0	7～8
过磷酸钙	45	35	20	8～10

有机肥对土壤的益处很多，可概括为以下两个主要方面。

(1)减少土壤养分固定，提高化肥肥效　有机肥能减少养分固定，提高土壤及化肥的肥效，主要作用机制是其具有的“螯合作用”。所谓“螯合作用”就是有机肥中的腐殖酸与土壤中的无机盐类形成配位体，使它们之间相互结合得很牢固，从而减少营养元素与土壤间发生的化学反应，提高肥料的有效性和利用率。有机肥使化学肥料避免流失和污染，能有效提高农产品的品质。有机肥分解过程中，产生的各种有机酸和碳酸，还可以促进土壤中难溶性磷酸盐的转化，提高磷的有效性。有机肥中的养分，大多呈有机状态，必须经过微生物分解后才能转化为作物吸收的无机态，这一过程是缓慢的，需逐渐转化释放养分。因此，有机肥不仅当年有效，还有较长的后劲，即肥效长。

(2)增加土壤微生物数量，改良土壤　有机肥不仅是农作物的粮食，而且也是土壤微生物的粮食。有机肥中含有大量微生物，肥料入土后，土壤中丰富的有机质可以促进肥料中的微生物旺盛生长。微生物在新陈代谢过程中，可生成一种黑色或褐色的腐殖质，能持久而稳定地供给微生物的能量，为微生物创造良好的生活环境，逐渐改善土壤的物理性质。

腐殖质吸水能力强，一般可以吸收本身重量的9～25倍，有助于作物抗旱和抗涝。腐殖质能提高沙土保水、保肥力；能减少黏性土壤的内聚力，使其变疏松而利于耕作和排水，从而延长土壤宜耕期；能增深土壤颜色，利于土壤吸热增温，而适宜的地温可促进种子萌芽和作物生长。有机肥具有多方面的作用，其核心部分是有机胶体，有机胶体具有胶结力、代换性等。有机胶体离子交换能力强，相当于土体的10～20倍，从而大大增加了土壤中的钾、钠、钙、镁、铁、铝等的吸收，减轻了土壤污染。有机质与重金属离子形成的螯合物等易溶于水，可以从土壤中排出。所以，有机肥还具有消除农药残毒及减轻重金属污染土壤等能力。

2. 无机肥 无机肥为矿质肥料，也叫化学肥料，简称化肥。它是指用化学合成方法生产的肥料，可由工厂直接合成生产。无机肥多具有以下特点。

(1)养分含量较高 无机肥的特点是施用少量，肥效就很显著。营养成分比较单一，一般仅含一种或几种主要营养元素。单施一种无机肥料常会出现植物营养不平衡的“偏食”现象，所以应经常配合其他无机肥料或有机肥料施用。

(2)肥效迅速，但后效短 一般3～5天即可见效。因无机肥料多为水溶性或弱酸溶性，故施用后可很快传入土壤溶液，直接被果树吸收、利用。但正因如此，也容易造成养分流失，故其肥效虽迅速，但后效较差。

3. 生物菌肥 确切地说，生物菌肥是菌而不是肥。生物菌肥本身并不含有植物生长发育需要的营养元素，而只含有大量的微生物，微生物在土壤中进行生命活动的同时就改善了树体的营养条件。生物菌肥是利用现代高科技手段，将野生和栽培的豆科植物中筛选出来的微生物进行诱变复壮，再经工业发酵，以优质草炭或褐煤为载体精加工制成的高含菌量的生物制剂。日本在100多年前就开始注重生物菌肥的施用，比较著名的有ETS菌肥、EM、酵素菌等；在我国应用比较广泛的是巨微生物钾、生物磷钾肥、固氮菌、微生物菌肥等。生物菌肥具有以下特点。

(1)肥效持续时间长 生物菌具有较强的生命力，一般肥效可达150～180天。

(2)与其他肥料配合施用效果好 生物菌肥是一种高含菌量的生物制剂，施于土壤后需要15～20天才能发挥肥效，而多数生物菌要在氮元素的作用下才能复苏，所以在施生物菌肥时要适量配合少量氮肥。一般每公顷施复合生物菌肥225～300千克，并根据不同情况，配合施用45～75千克尿素和75千克磷酸二铵。如将生物菌肥与有机肥料配合施用(一般每公顷配合施用优质有机肥 30 000 千克),可更快改善土壤的理化性状,提高土壤有机质的含量及生物菌的活性。

(3)使用安全,增产增收 生物菌肥不仅能快速分解土壤中各种植物残体,还能分解农药、化肥及矿物质等。其中的有益微生物还能够杀死土壤中的病原菌,溶解土壤中被固化的营养成分(解钾、释磷、固氮),迅速改善土壤理化状况,从而大幅度提高果园产量,改善果实品质。生物菌肥可有效地抑制病虫害的发生,消除化肥、农药对土壤和果实的污染,达到优质高产、无公害的目的,是生产绿色果品的理想用肥。

(二)施 肥 量

施肥量应由果园的树龄大小、结果量及土壤条件确定(表 5-4)。

表 5-4 不同树龄的猕猴桃园建议施肥量 (单位:千克/667 米²)

树 龄	年产量	年施用肥料总量			
		优质农家肥	化 肥		
			纯 氮	纯 磷	纯 钾
1 年生		1500	4	2.8～3.2	3.2～3.6
2～3 年生		2000	8	5.6～6.4	6.4～7.2
4～5 年生	1000	3000	12	8.4～9.6	9.6～10.8
6～7 年生	1500	4000	16	11.2～12.8	12.8～14.4
成龄园	2000	5000	20	14～16	16～18

一般中等肥力的土壤,幼龄树(1～3 年生),每公顷施优质农家肥 2 000～3 000 千克;无机肥,纯氮 4～8 千克、纯磷(以五氧化二磷计,下同)3～7 千克、纯钾(以氧化钾计,下同)3.2～7.2 千克。成年树(4 年生以上),施优质农家肥 4 000～6 000 千克;无机肥,纯氮 14～20 千克、纯磷 12～16 千克、纯钾 14～18 千克。

(三)施肥时期

猕猴桃植株的生长,可分为地下部分根系的生长及地上部分生长。其中,地上部分生长又可分为营养生长和生殖生长。据调查,猕猴桃植株根系和地上部分生长高峰出现的时间并不一致。早春时,根的活动早于枝条;冬季时,二者生长都处于停滞状态。猕猴桃根系的生长期较枝条长,如果温度适宜,则全年生长,没有明显的休眠期。根系在生长高峰期时,会从土壤中吸收足够的养分和水分供给枝条,所以枝条能否快速生长依赖于根系的生长状态。在猕猴桃年生长周期中,根系生长出现两个高峰期和一个盛期,而枝条出现一次高峰期和两个盛期。当根系生长第二个高峰期刚过处于缓慢生长期时,枝条进入生长高峰。

猕猴桃植株年生长量大,枝叶繁茂,结果多而生长期长,每年要消耗大量的养分,而土壤中有效养分难以满足其需求,所以一定要根据植株生长特性科学合理地补充肥料。

1. 早春追施催芽肥 春季土壤解冻、树液流动后,树体开始活动,此期施肥有利于萌芽开花、促进新梢生长。催芽肥宜在发芽前施用,以速效氮肥为主(氮肥占全年氮肥用量的 1/2～2/3),配以少量磷、钾肥。

2. 花后追施促果肥 落花后 30～40 天是猕猴桃果实迅速膨大时期,此阶段果实生长迅速,体积增大很快,缺肥会使猕猴桃膨大受阻。促果肥宜在落花后 20～30 天施入,此期追肥采用的是氮、磷、钾复合肥,施用量占全年氮肥、磷肥、钾肥施用量的 20%。

3. 盛夏追施壮果肥 为使果实内部充实,增加单果重和提高品质,宜在 6～7 月份追施 2 次 0.2%～0.3%磷酸二氢钾。为促使后期枝梢成熟,贮存营养,可叶面喷施 1～2 次 0.1%～0.3%尿素。为增强果实的耐贮性,也可在采前 30 天叶面喷施 1 次 0.5%～1%氯化钙。

4. 采后施基肥　为促进叶片的光合作用，促进养分向根、茎回流，增加养分贮备，可在未落叶前对叶面喷施 1 次 0.5%尿素液。采果后叶片失去大量营养，此时补给树体养分尤为重要，宜早施秋季基肥。肥料应以腐熟或半腐熟的有机肥为主。有机肥中也可以混入一部分化肥以增进肥效，如尿素、硫铵、硝铵、过磷酸钙、硫酸钾等。秋施基肥能结合土壤深翻，疏松土壤，消灭杂草，增加土壤有机质含量，提高土壤温度，减轻根系冻害。肥沃的土壤还有利于冬季积雪保墒，防止树体春旱。此外，秋季早施基肥，利于有机物的腐熟分解，提早供应养分，及时满足春季根系活动、萌芽、开花、坐果等物候期对养分的需要。

（四）施肥方法

猕猴桃生产过程中需要各种营养元素平衡，只有各种营养搭配合理，才能使树体生长表现更佳。由于不同肥料成分、性质和作用有较大差异，所以若能将无机肥料和有机肥料进行合理混用，则会很大程度提高肥效。但倘若将属性相反的肥料混用，则会降低肥料的效力。猕猴桃园常见的有厩肥、堆肥和过磷酸钙的混合使用；厩肥、堆肥与钙镁磷肥以及硫酸锌、硼肥的混合使用；人粪尿与少量的过磷酸钙混合使用等。在有机肥和无机肥混用时，因为硝态氮肥与未腐熟的堆肥、厩肥或新鲜秸秆混合堆沤，发生反硝化作用而易引起氮素损失，所以不宜采用；各种腐熟度较高的有机肥料与碱性化肥不宜混用。

猕猴桃一般 1～3 年生树，其水平根主要在 20～30 厘米范围内；成年猕猴桃有 50%以上的根系长度位于 30～50 厘米深的表土层，90%以上根系位于土壤下 1 米范围内。所以，施肥时应以此为基础，且施肥时不宜离树干太近、太集中，否则会引起烧根死树。

常用的施肥方法有以下五种，具体选用哪种方法，可视树龄而定。幼龄园可选用环状沟施法、树冠撒施法、条沟施肥法、穴施法。成龄园可选用放射沟施法和全园撒施法。无论哪种方法，都应盖土深埋，特别是全园撒施法更应撒后中耕。施肥后，应结合土壤墒情浇足水。而叶面喷肥在任何年龄果园都可以灵活使用。

1. 环状沟施肥 在树冠投影外缘稍远处或距树干周围 1 米处，挖深、宽各 30～40 厘米的环状沟施肥。

2. 放射沟施肥 以主干为圆心，在树冠投影内、外各 40 厘米左右顺水平根生长方向挖放射沟 4～6 条，宽 30 厘米，深 30～40 厘米，内浅外深，以免伤根太多。将肥、土混合施入沟内。

3. 条沟施肥 在树冠投影外缘两侧各挖一条宽 30 厘米、深 30～40 厘米的沟，施入肥料。

4. 穴施 在树冠下距主干 1 米远处挖深 40 厘米、直径 40～50 厘米的穴，数量根据树冠大小和肥量而定，将肥料施入。

5. 撒施 全园撒施肥料后深翻 20～30 厘米。

（五）叶面喷肥

叶面喷肥又叫根外施肥，是指将一定浓度的肥料水溶液均匀喷洒在叶片上的一种施肥方法。叶面喷肥方法简单易行，用肥量小，肥效发挥快，可避免某些营养元素在土壤中的固定或淋失损失。叶面喷施肥料在树冠上分布均匀，受养分分配中心的影响小，可结合喷药、喷灌进行，能节约劳力、降低成本。因此，叶面肥现正被广泛应用于农业生产中。

1. 选择要有针对性 猕猴桃树体主要是从土壤中吸收营养元素的，土壤中元素的含量对树体的生长起着决定性作用。因此，在选择叶面肥种类前要先测定土壤中元素的含量及土壤酸碱性，有条件的也可以测定树体中元素的存在情况，或根据缺素症的外部特征，确定叶面肥的种类及用量。一般认为，在基肥施用不足的情况下，可以选用氮、磷、钾为主的叶面肥；在基肥施用充足时，可以选用以微量元素为主的叶面肥。例如，猕猴桃膏药病是由于树体缺硼引起的，一般采取叶面喷施0.3%硼酸液和0.3%硼酸二氢钾混合液1～2次的方法，并结合土壤施硼肥，即可取得良好效果。

在传统的果树管理中，一般都强调果树生长后期应喷施磷、钾肥，而不喷氮肥，以促进枝条成熟，早日进入休眠状态。现在要说明的是，在猕猴桃树体落叶2周前进行3%左右浓度的叶面喷布氮肥，对果树氮素营养的积累是十分有益的。尽管喷布浓度较高，但是由于秋季温度低，所以不会因叶片衰老而造成树体伤害。果树在春季开花展叶时，需要消耗枝条中大量贮藏的氮营养，而枝条中的氮营养主要是由其前年秋季积累和贮存的，特别是在树叶脱落之前，将有大量氮素转移到枝条中。所以，如果此期能叶面喷氮，会使叶内含氮量显著提高，且可以很快转移到各类枝条中。这样有利于枝条内贮存氮含量的迅速提高，有利于花芽发育，进而提高翌年开花质量和坐果率，并使树体产量稳定。该方法是对叶面喷肥技术的一项改革。

钾离子水合作用较弱，能有效地减弱果树叶片蒸腾失水的强度，增强果树的抗旱、抗高温能力，而且还可促进树体内碳水化合物的运转，增强果树抗病、抗虫的能力。利用钾离子的该种特点，可以在山坡、丘陵或者其他没有灌溉条件的猕猴桃园，采取夏天喷草木灰的方法进行补水、增肥。夏季气温高，叶片蒸腾量大，失水较多，有时会造成树体萎蔫而严重影响光合作用。这时连续喷1～3次5%～6%浓度的草木灰浸出液（新鲜草木灰5～6千克，加清水10升，充分搅拌后浸泡14～16小时，过滤除渣，用澄清液喷布），能增加树体的含钾量。

2. 溶解性好　由于叶面肥是直接配成溶液进行喷施的，所以叶面肥必须溶于水。否则，叶面肥中的不溶物喷施到树体表面后，不仅不能被吸收，有时甚至还会造成叶片损伤。因此，用作喷施的肥料纯度应较高，杂质应较少，一般肥料中水不溶物应小于5%。例如，喷施钙肥通常选用氯化钙水溶液，而不采用碳酸钙水溶液。

3. 酸碱适宜 营养元素在不同的酸碱性下有不同的存在状态。要发挥肥料的最大效益，必须有一个合适的酸度范围，一般要求pH值在5～8。pH值过高或过低，除影响营养元素的吸收作用外，还会危害树体。

4. 浓度适当 由于叶面肥是直接喷施于猕猴桃树体的地上部表面，与根部施肥不同的是失去了土壤的缓冲作用。因此，一定要掌握好叶面肥的喷施浓度。浓度过低，树体接触的营养元素量少，使用效果不明显；浓度过高，往往会灼伤叶片造成肥害。微量元素可以土施也可以叶面喷施，但由于有些微量元素在土壤中很容易沉淀而失去有效性，所以生产中最好采用叶面喷施。果树常用叶面喷肥的种类、浓度、喷肥时期、次数等见表5-5。

表5-5 果树常用叶面喷肥的种类、浓度、喷肥时期、次数等

肥料名称	浓度(%)	喷肥时期	次 数	备 注
尿 素	0.3～0.5	花后至采收后	2～4	不能与草木灰、石灰混用
	2～5	落叶前1个月	1～2	
	5～10	落叶前2周	1	
腐熟人尿	15	生长期	1～2	不能与草木灰、石灰混用
过磷酸钙	2～3(浸出液)	花后至采收前	3～4	
磷酸铵	0.5	生长期	2～3	
磷酸二氢钾	0.2～0.5	生长期	2～4	
硫酸钾	2.0	花后至采收前	2～4	
硝酸钾	0.5～1.0	花后至采收前	2～3	

续表 5-5

肥料名称	浓度(%)	喷肥时期	次　数	备　注
硫酸镁	2.0	花后至采收期	3～4	
硝酸镁	0.5～0.7		2～3	
硫酸亚铁	0.5	花后至采收期	2～3	防治黄叶病
	2～4	休眠期	1	
硫酸锌	0.05～0.1	生长期	1	防治小叶病
	2～4	休眠期	1	
氯化钙	1～2	花后至 4、5 周	1～7	防治水心病、木栓病
	2.5～6.0	采前 1 个月	1～3	
硫酸铜	0.05	花后至 6 月底	1	
	4.0	休眠期	1	
硼　砂	0.2～0.3	花期落瓣前后	1	提高坐果率及防治缺硼
硫酸锰	0.2～0.3	花后	1	
钼酸铵	0.3～0.6	花后	1～3	

5. 随配随用　肥料的理化性质决定了有些营养元素容易变质，所以有些叶面肥要随配随用，不能久存。如硫酸亚铁叶面肥，新配制的水溶液应为淡绿色、无沉淀，如果溶液变成赤褐色或产生赤褐色沉淀，说明硫酸亚铁已经被氧化成硫酸铁，肥料有效性已大大降低。硫酸亚铁形成沉淀和氧化速度，同配制该溶液的水质偏碱和钙含量偏高有关。因此，为了减少沉淀生成，在配制硫酸亚铁溶液时，可在每 100 升水中先加入 10 毫升无机酸，或食醋 100～200 毫升(100～200 克)，使水酸化后，再用此水溶解硫酸亚铁。当然也可以使用一些有机螯合铁肥，如黄腐酸铁、铁代聚黄酮类来代替硫酸亚铁。

6. 喷施时间要合适 喷施前应注意收听当地气象广播，为了延长肥料溶液湿润叶面的时间，促进叶面吸收，叶面肥的喷施时间最好选在阴天或晴天的早晨和傍晚无风时进行，这样可以延缓叶面雾滴的风干速度，有利于养分向叶片内渗透。喷施叶面肥后如遇大雨，应重新喷1次。喷施要从叶片背面向上喷，使叶片正反面都潮湿，喷时要均匀。为了发挥叶肥的最大效益，应根据猕猴桃树体的生长情况选择最关键的喷肥时期，以达到最佳效果。

(六)主要营养元素作用与缺素诊治

猕猴桃对各类矿质元素需要量大，而且不同生育阶段的树体对各种营养元素的吸收量差异也较大。早春萌芽期至坐果期，氮、磷、钾、镁、锌、铜、铁、锰等，在叶中积累量为全年总量的80%左右；果实膨大期，氮、磷、钾等营养元素逐渐从枝叶转移到果实中。据对叶的分析，猕猴桃对氯有特殊的喜好。一般作物需氯元素为0.025%左右，而猕猴桃为0.8%～3.0%，特别在钾缺乏时，树体对氯元素有更大的需求量。

1. 氮 肥

(1)作用 氮有利于根、枝、叶的生长，能提高坐果率，促进花芽分化及果实膨大。氮素的增产效应是通过增加枝叶生长，然后增加结果量来实现的。

(2)症状 缺氮一般在老叶中优先表现，病叶不易出现斑点。猕猴桃树体健康叶氮含量为2.2%～2.8%，当含量下降至1.5%时叶片从深绿色变为浅绿色，甚至完全变为黄色，但叶脉仍保持绿色，老叶顶端叶缘为橙褐色日灼状，并沿叶脉向基部扩展，坏死组织部分微向上卷曲。缺氮果实小，商品价值低。缺氮多发生在管理粗放的果园中。

(3)防治方法 定植时结合挖定植穴，施足基肥是至关重要的环节。另外，可采取土壤追肥或叶面喷肥的方法来补充氮肥，也可于秋季施基肥时补充一些氮肥。

2. 磷　肥

(1)作用　磷肥能促进花芽分化、果实发育和种子成熟，增进果实品质、促进根系扩展，使树体抗寒、抗旱，而且还可提高根系的吸收能力，促进新根的发生和生长。

(2)症状　磷肥过剩，会抑制氮素和钾素的吸收，引起生长不良；还可使土壤中或植物体内的铁钝化，导致叶片黄化，产量降低；还能引起树体内锌素的不足。磷素集中分布在生命活动最旺盛的器官，幼叶中磷的含量多于老叶，且稍高于新梢。

缺磷肥叶片一般不易出现斑点，磷素不足会使猕猴桃树叶变小，健康叶含磷量为 0.18%～0.22%，低于 0.12%时出现缺磷症状，老叶优先出现叶脉间失绿，叶片呈紫红色，背面的主、侧脉红色，向基部逐渐变深。

(3)防治方法　缺磷时，可于生长后期追施速效性磷肥(如磷酸二氢钾或磷酸氢铵等)，或秋施基肥时结合施一些缓效性磷肥(如过磷酸钙等)。

3. 钾　肥

(1)作用　适量钾素可促进果实肥大和成熟，降低果实含酸量，显著提高果实硬度及可溶性固形物、淀粉与维生素 C 含量，并且可提高果实品质和耐贮性。此外，钾素还可以促进树体的加粗生长和组织成熟，进而增强树体的抗逆性。

(2)症状　钾素过剩时，果肉变得松软，果实耐贮性降低；抑制树体对镁和钙的吸收，导致树体缺镁症和缺钙症的发生。

缺钾是一种比较普遍发生的养分失调现象，而在许多情况下，缺钾引起的叶部症状却被误认为是由干旱或风害引起的。通常猕猴桃叶片含钾量为 1.8%～2.5%，若下降到 1.5%以下则会呈现缺钾症状。缺钾的最初症状是萌芽时长势差，叶片小；随着缺钾加重，叶片边缘向上卷起，在高温季节的白天症状尤其突出，到了晚间此症状又消失。缺钾症进一步发展时，叶片会长时间上卷，支脉间的叶肉组织向上隆起，叶片从边缘开始褪绿，褪绿由叶脉间向叶中脉扩展，多数褪绿组织变褐坏死，叶片呈焦枯状，直至破碎、脱落。果实数量和大小都会因缺钾症受到影响而减产。

（3）防治方法　缺钾时，可于开花后至采收前追施 2～3 次钾肥（如硫酸钾、磷酸二氢钾等），或秋施基肥时结合施入一些钾肥。

4. 铁　肥

（1）作用　铁元素参与植物的基本代谢，在蛋白质的合成、叶绿素的形成、光合作用等生理生化过程中都起到重要作用。

（2）症状　铁过量时叶片会发生中毒症状。铁中毒症状主要表现在成熟叶片边缘，褪绿变成黄绿色至黄褐色，严重时叶缘变成褐色，出现坏死组织区，且叶缘稍卷起以至叶片脱落。

铁中毒症状，多出现在含铁矿石成分高或用含铁量较高的水灌溉的果园。缺铁症在我国很多地区，尤其是在土壤石灰量较多、pH 值＞7 的猕猴桃园比较常见。该症状在树体的新生组织中优先出现。其表现是：幼叶叶脉间失绿，逐渐变成淡黄色和黄白色，有的整个叶片、枝梢和老叶的叶缘都失绿，叶片变薄、容易脱落，果小而硬，果皮粗糙。

（3）防治方法　酸性土壤缺铁时，可结合施基肥施入 EDTA 铁钠、黄腐酸二铵铁、FCU 复合铁等有机铁。碱性土壤缺铁时，可施入硫酸亚铁。叶面喷施 0.5％硫酸铁铵可使叶片转绿。

5. 锰　肥

（1）作用　锰主要是对根系的发育，果实、种子的形成有影响。

（2）症状　锰过量也是猕猴桃生产上较常见的，其中毒症状是沿老叶主脉集中出现有规律的小黑点，这一特点区别于其他养分失调现象。锰中毒多发生在酸性土壤或排水性很差的果园。

猕猴桃在生长中期，当营养枝上成熟叶片含锰量低于 30 毫克/千克干物质时就会表现出缺锰症状，此时新成熟叶片边缘失绿，进而侧脉以及主脉附近失绿，小叶脉间组织向上隆起，并有光泽，最后仅叶脉保持绿色。缺锰常见于石灰过多的土壤，即 pH 高于 7.0 的碱性土壤。

（3）防治方法　锰过量时，可以通过施用石灰来提高土壤 pH 值，以减少可溶性锰或改善果园的排水系统来矫正锰中毒现象；缺锰时，可施用碾细的硫磺、硫酸铝或硫酸铵，使土壤变酸而释放出猕猴桃此前无法利用的锰。

6. 硼　肥

（1）作用　硼能促进花芽分化和花粉管生长，对子房发育也有影响；适量的硼能提高果实维生素和糖的含量，改善果品品质；还能促进根系发育，增强其吸收能力。

（2）症状　猕猴桃新成熟叶片中硼的正常含量为 40～50 毫克/千克干物质，当叶片中的含量超过 100 毫克/千克干物质时，就会出现硼中毒现象。症状为老叶脉间失绿，并逐渐扩大到幼叶。幼叶呈杯状卷曲，组织坏死。在风吹日晒下坏死组织呈银灰色，质脆易碎，呈撕破状。据国外研究，在每公顷施用量超过 2 千克硼肥或灌溉水中每升水含量达 0.8 毫克时就会出现硼中毒。

当新成熟叶片中硼的含量低于 20 毫克/千克干物质时，幼叶的中心就会出现不规则黄色，随后在叶的主、侧脉两边连成大片黄色，未成熟的幼叶扭曲、畸形，枝蔓生长受到严重影响。缺硼时顶芽容易枯死。缺硼症状在沙土、砾土地发生较多。

（3）防治方法　轻度缺硼时，可于每年开花期和落花后各喷 1 次 0.3%硼砂或硼酸溶液；严重缺硼时，可在树周围沟施硼砂或硼酸，幼树每株 100～150 克，初果树每株 150～200 克，盛果期树每株 250～500 克。多施有机肥，增加土壤中的有机质含量，也可提高土壤中可给态硼的含量。因此，土壤中施硼肥可结合有机肥一同施入，施后灌水，有效期可达 3～5 年。

7. 锌　肥

（1）作用　锌元素能影响生长素的合成；可提高树体抗逆性。

（2）症状　砂地、偏碱地以及瘠薄的山地猕猴桃园容易出现缺锌现象；土壤中磷素多、施磷肥过早，也会影响猕猴桃对锌的吸收而表现出缺锌症。缺锌容易使叶片产生斑点症状，而且在老组织中优先表现，具体表现为叶小簇生、老叶脉间失绿、叶面斑点在主脉两侧先出现；同时，缺锌会影响侧根的发育。健康叶片的含锌量为 15～28 毫克/千克干物质，在 12 毫克/千克干物质以下时，出现缺锌的外观症状。

（3）防治方法　当出现轻微缺锌症状时，可在盛花后 3 周，叶面喷施 0.3%硫酸锌或氯化锌溶液，若加入 0.5%尿素效果会更好。严重缺锌时，可于春季猕猴桃萌芽前喷施 1 次 4%硫酸锌溶液，当年有效；也可在施基肥时，每株成年树施入硫酸锌 100～150 克，当年效果不明显，2 年后效果显著，持续期 3～4 年。

8. 钙　肥

（1）作用　适宜的含钙量可延迟果实衰老，提高果实硬度，增强果实耐贮性。

（2）症状　缺钙时，叶尖呈弯钩状，并互相粘连，不易伸展。新生叶优先出现叶脉颜色暗淡、坏死等现象，并逐渐形成坏死组织斑块，然后叶片干枯、脱落，最后枝梢死亡。缺钙严重时还会影响根系发育，造成根尖死亡、根尖附近产生大面积坏死组织。一般植株的叶片含钙低于 0.2%时就会出现上述症状。

（3）防治方法　在土壤中施入过磷酸钙、硝酸钙等可防止缺钙症状的发生。

9. 镁　肥

（1）作用　适量的镁可促进果实肥大，增进果品品质。

（2）症状　缺镁现象在猕猴桃果园比较常见，主要发生在一年生长的中、晚期。缺镁时，叶片易出现斑点症状。其表现为：当年生成熟叶的叶脉间或叶缘明显失绿，叶上出现清晰网状脉纹，有多种色泽斑点和斑块，叶片基部近叶柄处仍保持绿色。健康叶的含镁量在0.3%～0.4%，新形成的叶片在0.1%以下就可出现缺镁症状，严重时叶片失绿、组织坏死，坏死组织与叶脉平行，形成马蹄形。

(3)防治方法　缺镁果园可施用硫酸镁，单株每年施用量因树龄大小而异。酸性土壤可施用生石灰，也可叶面喷洒0.3%硫酸镁溶液。

10. 硫　素

(1)作用　硫与碳水化合物、脂肪和蛋白质的代谢有密切关系。

(2)症状　缺硫时叶片生长缓慢，幼嫩组织首先出现症状。嫩叶叶片呈浅绿色至黄色，褪绿斑逐渐扩大，仅在主、侧脉结合处保留一块楔形的绿色。缺硫严重时，嫩叶的脉网组织全部褪绿，与缺氮症状的主要区别是缺硫叶脉也失绿，而叶缘不焦枯。正常叶片含硫量为0.25%～0.45%，在低于0.18%时表现出缺硫症状。

(3)防治方法　可通过施硫酸铵、硫酸钾等肥料进行调整。

11. 氯　肥

(1)作用　氯和叶片的光合作用及水合作用有关。

(2)症状　猕猴桃对缺氯表现敏感。缺氯初始是在老叶顶端主、侧脉间分散出现片状失绿，从叶缘向主、侧脉扩展；老叶常反卷呈杯状，幼叶面积减小；根生长减缓，离根端2～3厘米的组织肿大，常被误认为是根结线虫的囊肿。在雨水较多的地区，土壤中的氯素易被淋溶而损失。当植株体内每千克干物质含氯低于0.6%时，即可出现上述缺氯症状。

(3)防治方法　每667米^{2}施10～15千克氯化钾肥料，肥料分2次施入，两次间隔20～30天。

三、水分调节

土壤水分的重要意义正如农谚所说:有收无收在于水,收多收少在于肥。水不仅影响猕猴桃果树的产量和品质,还决定猕猴桃植株的生存状态。

猕猴桃植株的根系属于肉质根,对土壤水分的要求比较严格——喜湿润、怕干旱、怕水涝,并要求种植猕猴桃的地块,易排、易灌,以满足猕猴桃生长发育对水分的需求。

(一)水　分

水是植物光合作用的重要原料,是生命活动的基础。夏季干旱使猕猴桃树体温度升高,在强光暴晒下,叶片和果实都可能发生日灼;缺水还会引起落果。水分不足还会影响猕猴桃果实的膨大。若在猕猴桃生长的前期缺水,则叶片变小;在果实发育期缺水,则果实体积缩小;若长期干旱,则势必造成叶片的永久性萎蔫,以致干枯、脱落。

猕猴桃的根属于肉质根,对土壤的水分、空气很敏感,要求土壤相对持水量为60%～80%。若水分减少到在土壤中不能自由移动时,猕猴桃根系吸收水分就会受到阻碍,树体处于缺水状态。

(二)灌 水 量

灌水的合理时期,不是等树体已经从形态上显露出缺水状态时灌水,而是在树体受到缺水影响前就要浇灌。最适宜的灌水量应在一次灌溉时,使猕猴桃根系分布范围内的土壤湿度达到田间最大持水量的60%～80%。一次灌水量过少,只浸润表层土壤,不仅不能达到灌溉的目的,还易引起土壤板结;若一次灌水量过大,则土壤通气不良,也不利于猕猴桃植株的生长发育。切忌浇

“地皮水”，尤其春季温度低时，浇水更应一次浇透，以免因多次灌水而导致土壤温度过低。夏季灌水，灌水量宜少，而灌溉次数宜多，以适当降低土壤温度。冬前的封冻水，灌水量应大，最好使水分浸润土壤深度 1 米以上，以保证猕猴桃树体安全越冬。沙地猕猴桃园保肥、保水力差，宜少量多灌为宜，以免水分和养分流失。猕猴桃最忌土壤盐碱，所以建园时如果土壤偏碱的话，每次灌水量不可太大，以免地下水位升高，土壤碱性增强，更不利于树体生长。根据猕猴桃的浅根系特征，灌水浸润土层 50 厘米左右即可。不同土壤种类在水分当量时的灌水量如表 5-6 所示。

表 5-6　不同土壤种类在水分当量附近时的灌水量

土壤种类	最低灌水量（达持水量 60%）		理想灌水量（达持水量的 80%）	
	相当降雨量（毫米）	667 米^2 灌水量（升）	相当降雨量（毫米）	667 米^2 灌水量（升）
细沙土	29	18840	126	81600
沙壤土	39	24840	125	81600
壤　土	34	22084	129	83640
黏壤土	30	19740	130	84240
黏　土	28	18120	137	88800

（三）灌溉时期

猕猴桃在不同生长发育时期，对水分的需求不同。根据猕猴桃的物候期情况，可知猕猴桃有 5 个明显的需水期。

1. 萌芽至开花前需灌 1～2 次水　此期灌溉主要用以补充伤流和萌芽所需用水。此期水分含量可以影响到猕猴桃的发芽和新梢生长，利于长叶，并且有利于树体的开花，所以如果此时果园的墒情不好，就应该及时浇水。如果土壤比较湿润，田间持水量达到

75%以上时，则可以不用浇水。

2. 新梢生长和幼果迅速生长期需灌1～2次水 此期是猕猴桃果实需水的临界期。此时猕猴桃幼果生长迅速，必须有充足的水分和养分来满足幼果迅速生长发育的需要。同时，枝条和根系也处于快速交替生长阶段，如果水分不足，树体营养生长和生殖生长争夺水分的矛盾将被激化，轻则果实生长受阻，重则影响树体生长、发育和寿命。

3. 果实迅速膨大和混合芽形成期需灌2～3次水 此时正值高温干旱的夏天，及时灌水以缓解气候高温、低湿和树体蒸腾量大之间的矛盾，也可满足果实迅速生长发育和混合芽形成对水分的需求。新西兰研究表明，夏天正常栽植密度的猕猴桃，每株树用于蒸腾的水量高达100升。此时不灌水或灌水不足，轻则导致树体大量落叶、落果，重者枝蔓枯死、整株死亡。

4. 秋季无雨时或施基肥后，需灌1次水 秋施基肥以后，肥料浓度较大，相对比较集中，移动性较差，容易烧根。施肥后结合灌水，可以降低肥料浓度，促进肥料分解，降低烧根的概率，使基肥的效力能够更好发挥。

5. 入冬后灌1次冬眠水 灌水封冻可使土温保持在0℃左右，不至于在寒冷的冬季冻伤根系，有利于树体安全越冬。

(四)灌溉方法

灌水方法有多种，可根据经济条件、地块位置、水源丰缺等因素选择适宜的灌水方法。

1. 沟灌 又叫浸灌。有水源的猕猴桃果园，在行间或猕猴桃栽植行(高畦栽培)进行的自流灌溉。该种灌水方法的优点是：便于机械操作，灌溉水经沟底和沟壁渗入土中，利于果园土壤均匀湿润，并可防止土壤板结，是较好的灌水方法。但应注意灌水后覆盖、锄杂草。

2. 穴灌 在猕猴桃植株树冠投影的外缘，挖直径约30厘米的穴若干个，灌后先用草覆盖住穴的上部，然后用土封穴，既可减少水分蒸发，又方便日后浇水。此法用水经济，土壤浸润较均匀，适于水源不足的园地使用。

3. 滴灌 又叫滴水灌溉，是将具有一定压力的水，通过管道和特制的毛管滴头，将水一滴一滴地渗入猕猴桃根际的土壤中。该方法仅使土壤保持最适的猕猴桃生长状态，而且能维持良好的土壤通气状态。整个系统包括控制设备(水泵、水表、压力表、过滤器、混肥罐等)、干管、支管、毛管和滴头等。近年的实践中可以看到，滴灌中滴头的质量至关重要，质量不好很容易发生堵塞，而且更换及维修比较困难。

滴灌是一种用水经济、省工、省力的灌溉方法，特别适用于缺少水源的干旱山区及沙地。滴灌比喷灌节水36%～50%，比漫灌节水80%～92%。由于供水均匀、持久，根系周围环境稳定，所以此法十分利于猕猴桃树体的生长、发育，一般可增产25%以上。滴灌时间应掌握湿润根系集中分布层为度；滴灌间隔期应以猕猴桃树体生育进程的需求而定。有个别果园管理者习惯于昼夜不停地使用滴灌，很容易导致土壤水分过于饱和，造成湿害。

4. 喷灌 喷灌是利用机械将水喷射成雾状进行灌溉。整个喷灌系统包括水源、进水管、水泵站、输水管道、竖管和喷头几部分。应用时可根据土壤质地、湿润程度、风力大小等调节压力，选用合适的喷头确定喷灌强度，以便达到无渗漏、无径流损失、不破坏土壤结构，以及均匀湿润土壤的目的。喷灌可节约用水(用水量为地面灌溉的1/4)、保护土壤结构、调节果园小气候、清洁叶面；遇到霜冻时可减轻冻害；炎热的夏季可以降低叶温、气温和土温，防止高温日灼伤害。喷灌可以结合喷洒农药和喷施液肥同时进行，是一种较理想的灌溉方法。

5. 微喷 微喷结合了喷灌与滴灌两种技术的优点，克服了两者弊端：比喷灌省水，比滴灌抗堵塞，供水较快。它是利用低压水泵和管道系统输水，在低压水的作用下，通过特别设计的微型雾化喷头，把水喷射到空中，并散成细小雾滴，洒在猕猴桃叶上或树冠下地面的一种灌水方式。

6. 埋土罐法 该法为土法节水灌溉技术，适应于干旱缺水果园。具体做法：结果园每株树埋 3～4 个泥罐，罐口高于地面，春天每罐灌水 10～15 升，用土块盖住罐口，一年施尿素 3～4 次，每次每罐 100 克。当雨季来到时，土壤中过多的水分可以从外部向罐内渗漏，降低土壤湿度，创造根系生长的适应小气候，此法简单易行。

7. 塑料袋简易滴灌 该法适合于经济条件较差的山地果园。它是由塑料滴管和塑料贮水袋组成的一种简易滴灌装置，具有取材容易、制作安装简便等优点。具体制作方法：第一，按每株树 30～35 升的注水量准备塑料袋（可用不漏水的旧化肥袋代替），袋内贮水。第二，用直径 3 毫米、长约 10～15 厘米的塑料管作滴管，用剪刀将滴管一端剪成马蹄形，在马蹄形的端部留一米粒大小的小孔，其余部分用火烘烤黏合；把滴管另一端平剪，插入塑料袋内 1.5～2 厘米，然后用细绳或细铁丝绑扎紧滴管与塑料袋的连接处（不能漏水），水滴渗出速度以每分钟 110～120 滴为宜，出水量约每小时 2 升左右。第三，在架面外围投影的地面位置挖 3～5 个（根据树体大小而定）等距离的坑，坑深 20 厘米左右，向外倾斜 25°。第四，将制作好的水袋顺斜度放入坑内，将滴管埋入树冠外缘下方 40 厘米深的土层中。应注意的是因为水袋平放压力小，出水困难，所以放置水袋时不能平放。滴管所处的位置要在架面外缘的下方，这样有利于水分被根系充分吸收。为防止塑料袋老化，延长其使用寿命，可在袋上覆盖一层薄土或用其他东西遮盖。这样安置好后，以后每次浇水时，只需往塑料袋中注水即可。

8. 果园渗灌　该种方法的原理、结构组成与滴灌较为相同。不同的是渗灌没有滴头，水不是经过滴头一点一点地向外滴出，而是直接在管壁上打孔，在压力作用下，经常连续性地喷射而出。另外不同的是渗灌的材料、设计和安装更为简易、灵活、节材省工、成本低，更适于推广应用。

（五）经济有效的果园保墒方法

1. 耕翻或刨树盘　秋季耕翻有利于熟化土壤、积蓄雪水；夏季翻地或刨地，有利于疏松土壤、蓄水保墒。

2. 果园地面覆草和穴贮肥水的增肥补墒法　这种方法是山东农业大学束怀瑞教授针对我国北方果区，尤其是山地、坡地、滩地和不能浇水的果园土壤中有机质含量低、肥力不足、严重干旱等问题，设计的节约灌溉用水，集中使用肥、水和加强自然降水的蓄水保墒的一项管理技术。本法主要是在果园覆盖地膜，防止土壤水分蒸发，并在根系集中分布层埋一定数量的草把，将施入的肥水贮藏起来，逐渐地释放养分，减少肥水流失，从而使果树全年肥水供给稳定，达到增产壮树的目的。

具体做法：发芽前深翻整平地面，施足基肥，于猕猴桃架投影边缘向内20～50厘米处，根据架的大小，在根系集中分布区外围挖直径25～30厘米、深30～40厘米的穴。穴的数量应依据树体大小、土壤状况而定。幼龄树或山地果园挖3～4个穴，成年大树挖6～8个不等。挖穴时，可用麦秸、谷草、玉米秆和杂草等捆扎在一起形成一个草把，草把粗20厘米左右，长度比穴深短3～5厘米，为30～35厘米，将草把用水、尿混合液或10%的尿素液浸泡2天左右，使其充分吸收肥水。然后将草把垂直放入挖好的穴中，用混有少量过磷酸钙（每穴用过磷酸钙50～100克、氯化钾50～100克、尿素50克）的土填入草把周围，踏实，草把上端覆盖少量的土，再撒入50～100克尿素，或以氮：磷：农家肥＝1：1：50的比例混合的肥料与土拌匀后回填于草把周围空隙中，踏实。穴面要低于地面 2～4 厘米，形成一个小坑，以利于积水，每穴再浇 10 升左右的水。然后将树盘地面修整平，以树干为中心覆上厚地膜，贴于地面，四周用土压实封严，并在各个穴的中心处捅一个孔，平时孔上压住石头以利保墒。覆膜后的施肥灌水都是在各个孔穴上进行的(图 5-1)。按照猕猴桃树体水分和肥料的需求情况进行肥水供应。一般在花后、新梢停长和采果后三个时期，每穴各施 50～100 克三元复合肥或尿素，同时灌入 7～10 升水。

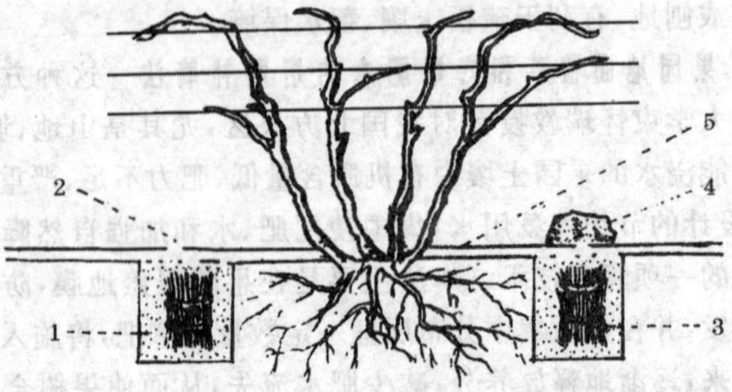

图 5-1　穴贮肥水加覆膜

1. 贮肥穴　2. 浇水施肥孔　3. 草把　4. 石头　5. 塑料薄膜

3. 整修树盘　以主蔓为中心，以架面投影外缘为界，筑土埂垒成长畦状，除供干旱时树盘浇水用外，平时还可积蓄雨水。

4. 清耕法　时间在雨季到来之前和果实采收前后，对果园进行中耕。清耕法既能防止土地返碱，又能保墒，适于干旱和半湿润地区、盐碱地，以及降水量大、土质黏重的果园。

5. 整修梯田，挖截流沟，增施有机肥　整修梯田、挖截流沟是防止山地土壤水土流失的有效方法。结合深翻增施有机肥，使土壤有机质含量达到 1%以上，以具备蓄水、保墒的良好结构。

6. 应用化学抗旱保水剂　随着我国干旱问题日趋加剧，近年来保水剂(英文名称为 SAP)的研究得到迅速发展。保水剂已在造林、种草，经济作物、果树栽培等方面得到广泛的应用，取得了明显的社会、经济和生态效益。应用较多的化学抗旱保水剂主要有土壤保水剂、土表蒸发抑制剂和植物蒸腾抑制剂，其作用的基本原理是利用它对水分的调控作用，减少土壤水分蒸发或植物蒸腾量，提高水分利用率和作物抗旱能力，达到高产、稳产的目的。果园常用的是土壤保水剂，它是一种土壤抗旱节水材料，外形以颗粒和粉末为主，白色，酸碱度呈中性，不溶于水，但能吸收比自身重数百倍的水分，且其重量的85%～95%属于果树可以直接利用的有效水分。

(1)保水剂的功效

①保肥增效　由于保水剂具有吸收和贮存水分的功能，因此它可以将保存在水分中的化肥、农药等营养物质保存起来，减少可溶性养分的淋溶、损失。保水剂与化肥、农药等混合使用时，可增效、缓释，起到提高土壤肥力的效果。

②抗旱保水　保水剂就像一个海绵，它可以反复吸收水分，又可以不断释放水分，供种子和作物不断吸收。这样可以保证植物生长对水分的需求，可有效控制水分蒸发、提高土壤饱和含水量、减缓土壤释水速度和水分的渗透流失，达到抗旱保水的目的。土壤保水剂的保水作用，是通过最大限度利用自然降雨、防止水分下渗和减少土壤水分蒸发来实现的。据张国桢等(2003)在猕猴桃树上穴施保水剂处理研究表明：土壤中保水剂含量在0.01%～0.05%范围时，土壤团粒结构增加较为明显，土面蒸发明显降低，pH 值有降低的趋势(降低0.1～0.2)，速效磷含量有所提高；每株施40克保水剂为最佳经济使用量；保水剂使猕猴桃的根冠比趋于合理，具有明显提高商品果的效应；配合微肥施用可减缓黄叶病的发病程度，提高树体抗性，改善果实品质。具体见表5-7。

表 5-7　保水剂对猕猴桃植株的影响

处　理	春梢平均长度（厘米）	叶果比	每枝平均结果数	产量（千克/株）	产量增幅（%）	100 克以上果实率（%）	40 厘米深度土壤孔隙度（厘米）	90%根系分布深度	根量（根数/100 厘米^2）
对　照	98	5.6∶1	2.5	11.6	—	52.4	39.0	4.5	50
10 克	102	5.8∶1	2.7	12.0	3.5	74.2	42.3	68	53
40 克	113	6.5∶1	2.0	13.0	12.1	86.1	43.2	65	78
70 克	110	6.3∶1	3.1	14.0	20.7	86.9	44.6	70	60

③改善土壤结构　保水剂施入土壤后，由于其吸水膨胀，增加了土壤液相比例，可使土壤由紧致变得疏松，增加了土壤团粒结构，从而改善土壤通透性。

④保温性　保水剂由于吸收了大量水分，白天的很多太阳热能都可以被其吸收、保存下来，用以调节夜间低温，从而降低土壤昼夜温差。在沙壤土中混进 0.1%～0.2%的保水剂，对其 10 厘米土层的监测表明，保水剂对土温升降有缓冲作用，使昼夜温差减小在 11℃～13.5℃之间；而没有保水剂的土壤昼夜温差在 11℃～19.5℃之间。

(2)保水剂的使用方法

①种子涂层包衣　将保水剂与清水按 1∶100 比例混合，搅拌 10 分钟后静止 5 小时左右，待充分形成水凝胶后，拌入种子中搅拌均匀。每袋保水剂 500 克可拌种子 30 千克，拌匀后堆闷 4～6 小时后播种，也可将化肥、微量元素、农药及填充物按比例造粒成丸后播种。

②移栽蘸根　按 1%浓度将保水剂溶于清水中做成凝胶，再将猕猴桃幼苗蘸根即可。此法可用于猕猴桃苗木幼苗栽种或长距

离运输，可明显提高幼苗成活率。

③拌土使用　按每公顷37.5～75千克比例，先将保水剂与细土混合后，均匀施入沟或穴内，浇水后用土将沟填平即可。可与任何肥料、农药等混合使用。

（六）排水防涝

由于猕猴桃的根系属肉质根，故对土壤水分的多少比较敏感。土壤水分过少不利于猕猴桃植株的生长发育。土壤水分过多，其内空气减少，易造成土壤缺氧，根系进行无氧呼吸常造成烂根，不利于果树生长；缺氧使土壤内好气性微生物活动减弱，有机质分解能力下降，也会影响土壤肥力。尤其是在施用大量未完全腐熟的有机肥的情况下，会因缺氧气而产生甲烷、硫化氢等物质毒害猕猴桃的根系。我国南方地区雨水较多，且土壤多偏黏，容易出现涝害。北方猕猴桃产区有少量果园在秋雨连绵时也可能出现涝害，需要注意猕猴桃园排水。生产实践发现，高温季节大雨过后，猕猴桃园排水不良，发生浸水1天以上，第一天树叶萎蔫，第二天树叶脱落，第三天过后植株即可死亡。所以，对猕猴桃来说，涝害大于旱害，猕猴桃的耐涝性比同样处理的桃树还差。

猕猴桃受涝渍危害的程度，与建园前的选址密切相关。猕猴桃园要选在不易受涝、排水方便的地方，而且一般采用起垄栽培，果树栽在垄脊位置上。垄沟要与果园四周的排水沟相通，形成良好的排水系统，以保证能顺利排除积水，在发生积水时要及时用抽水机把积水抽干。

第六章　花果管理

一、合理疏蕾疏幼果

猕猴桃花量较大、坐果率较高，正常气候及授粉条件下，几乎没有生理落果现象。若结果过多，消耗养分过大，则容易使果实单果重降低，其品质和商品率随之下降，这样也常常导致猕猴桃结果出现大小年现象。通常情况下猕猴桃花芽的形态分化是从春天萌动开始至开花前几天结束。一般来说侧花和基部花分化迟、质量差，为了节约养分、提高花的质量，在开始现蕾时，就可以把侧花蕾、结果枝基部的花蕾疏掉。疏蕾宜早不宜晚，过晚疏除只会加大养分的消耗。据观察，猕猴桃开花坐果后 60 天，生长量可占整个果实生长量的 80%。因此，疏蕾比疏花、疏果更能节省养分消耗。猕猴桃的花期较短而蕾期较长，一般不疏花而提前疏蕾。生产中，为了避免因疏蕾过量，或疏蕾后因花期遇雨导致授粉不良等影响当年产量的情况发生，一般是将疏蕾和疏果两种措施结合进行。

(一)疏　蕾

1. 时间　疏蕾通常在 4 月中下旬，当结果枝生长量达到 50 厘米以上时，或者侧花蕾分离后 15 天左右即可开始疏蕾。

2. 方法　疏蕾时先着重疏除过小的畸形蕾、发育较差的两侧蕾、病虫危害蕾，再疏除结果枝基部的花蕾，最后是结果枝顶部的花蕾。应着重保留发育较好的中心蕾。不同结果枝疏蕾法：强壮的长果枝留 5～6 个花蕾，中庸的结果枝留 3～4 个花蕾，短果枝留1～2个花蕾。

(二)疏 果

1. 时间 应在盛花后2周左右进行，坐果后对结果过多的树进行疏果。

2. 方法 对猕猴桃而言，1个结果枝中，其中部的果实最大、品质最好，先端次之，基部的最差；1个花序中，中心花坐果后果实发育最好，两侧的较差。所以，疏果时应先疏除畸形果、伤残果、病虫果、小果和两侧果，然后再根据留果指标，疏除结果枝基部或先端的果实，以确保果实质量和树体均匀挂果。

(三)留果标准

1. 依树龄确定留果标准

(1)3年生初果期树留果标准 3年生初果树，中等肥力条件，每公顷产量一般为3 750～6 000千克，株产2.5～5千克。按照生产经验，株留果量宜为(2次疏果后定果量)20～35个，这样果实的单果重可达125～150克。若土壤条件、树势基础和管理水平较高，果实平均单产可上浮20%，如果树势较弱，其平均单产量应至少下调20%。

(2)4年生树留果标准 一般中等管理水平，每公顷产量为7 500～15 000千克，株产10～15千克，株留果量为60～90个，单果重125～150克。

(3)5年生及以上盛果树留果标准 每公顷产量为26 250～33 750千克，株产20～40千克，株留果量120～250个，单果重125～150克。

2. 依栽植密度确定留果标准 依3×2米行株距为例，雌雄比7～8∶1，每公顷雌株按1 500株计算，3年生平均每公顷产量为4 500千克，单株产即为3千克；4年生平均每公顷产量为11 250

千克，株产即为 7.5 千克；5 年生以上盛果树平均每公顷产量为 30 000 千克，株产为 20 千克。同理，4 米×3 米或 3 米×3 米行株距依不同树龄、每公顷雌株数，按每公顷产量平均额定产量，可求出单株果载量；依商品单个果重标准 125～150 克，最终确定各不同树龄及行株距单株所确定留的果实个数。

3. 按叶果比确定留果标准 开花后期到末期进行。标准为叶∶果＝4～6∶1，以短果枝结果的品种为 4∶1，中果枝结果的品种为 5∶1，长果枝结果的品种为 6∶1，可以保证果实品质。猕猴桃的大多数品种在叶果比小于 4～5∶1 时，即出现果实单果重小、果实品质下降、翌年产量下降等问题，所以在留果时要注意同枝蔓或附近能提供营养的叶面积大小，不要摘心过重。对过密的短果枝进行疏剪，一般保留每个结果枝的枝距为 30 厘米，疏果后使 8～9 月份叶果比达到 4∶1；另外使架面下透光率达到花荫状态，才能产出优质果和精品果。

4. 按经验确定留果标准 开花后期到末期进行。标准为：健壮果枝留 5～6 个，中等果枝留 3～4 个，弱枝蔓留 1～2 个。

考虑到风害、病虫害等自然因素对各栽植密度树体生长的影响，在树体果载量允许范围内，稀植园单株预留蕾果数可高出定果（产）的 30%；密植园单株预留蕾果数可高出定果标准的 20%，但在定果后，务必遵循各不同密度单株规定留果量及株产标准。

二、保花、保果技术

（一）猕猴桃适宜的授粉条件

据笔者在徐香猕猴桃上的研究表明，同一品种猕猴桃果实的单果重与其种子总数和正常种子数呈直线正相关。说明对猕猴桃果实来说，种子越多且实际受精的胚珠数量越多，果实越大。猕猴桃花期因其种类和栽培地区的不同而有所差异。南方地区一般在3月中下旬(桂林)至4月下旬(长沙)，北方地区一般在4月下旬(郑州)至5月中旬(北京)。雌花花期3～5天，雄花花期4～6天，雌雄花在早晨5时左右开花最多。最适宜猕猴桃传粉、授粉的气象因子：温度20℃～25℃，风力1～3级，空气相对湿度70%～75%；良好的微环境包括叶幕层厚度不大于1米，枝蔓分布均匀不过密，雌雄株距离小于3米。猕猴桃开花期间，南方容易遇到低温、多雨的潮湿天气，北方猕猴桃栽培地区则容易遇到高温、干燥的大风天气，这些不利的气象条件均不利于猕猴桃的自然授粉受精，所以人工辅助授粉或者放蜂授粉显得尤为必要。

(二)猕猴桃保证授粉需注意的问题

1. 清园　清除果园周围与猕猴桃同期开花的花草和树木，如刺槐、柿子等植株的花期就与猕猴桃很相近。

2. 花前复剪　在开花前5～10天疏除过多的徒长枝蔓、发育枝蔓、结果枝蔓和发育不良的花蕾。一个花序上只留中心花蕾，并在结果枝蔓最上 个花蕾后留5片叶摘心，发育枝蔓留12～15片叶摘心，可利用的徒长枝蔓留3～4节重剪，将叶幕层控制在1米以内，保持园内通风透光。

3. 花前浇水　北方干旱地区要进行花前灌水，提高土壤和空气湿度，增加花粉活性；南方地区要注意花期排水，防止根系渍水。

4. 人工辅助授粉

(1)花期放蜂　猕猴桃传花授粉的昆虫中，蜜蜂(壁蜂、熊蜂)是主要的传粉者，但是蜜蜂给猕猴桃传粉时有三大不利条件：一是猕猴桃多为雌雄异株，两者分开，蜜蜂传粉时从雄花到雌花的交换频率低；二是猕猴桃虽生产花粉，但蜜腺极不发达，对蜜蜂的吸引力远不及其他一些花类，使猕猴桃园的传粉仅靠蜜蜂的自然传粉仍然不够，需要在果园人工放蜂或养蜂；三是蜜蜂传粉最大的缺点是遇到低温、阴雨天气时，蜜蜂活动次数少，影响授粉。在猕猴桃园放蜂，最好选择利用定向力强、善于采集零散蜜粉源、节省饲料的蜂种，如喀尔巴阡蜂、喀尼阿兰蜂、东北黑蜂、美意蜂及其杂交种等，它们采集花粉量最大的时期是春天抚育大量幼蜂时。在放蜂前，应将授粉蜂分框分箱，每箱蜂量只占其满量的1/2，以刺激蜜蜂采粉育子，增大猕猴桃雌雄花间接触的频率。

猕猴桃园放蜂太早，花量过少，蜜蜂会到别的地方寻找蜜粉源；放蜂太晚则花粉量过少，传粉质量差。在雌雄花都开放时搬箱放蜂为好，以便蜜蜂在雌雄花上交替采粉、传粉，避免它们只习惯单性别花。人工放蜂时，适时调换蜂群，而不用某群蜂固定授粉到底，这样既能保证有数量稳定的蜜蜂，又利于蜂群适当休养补充。放蜂时，每公顷应放置7～8箱蜂，每箱中有不少于3万头活力旺盛的蜜蜂。

(2)对花　在上午8～12时，用1朵雄花轻轻对5～8朵雌花，雄蕊对雌蕊，随摘随对，为了防止柱头损伤，可采取用2朵雄花在雌花柱头上方轻轻摩擦的方法。此方法是人工授粉中最好的，但速度慢。

(3)散花　在上午6～8时收集当天开放的雄花花药，在9～11时用鸡毛或毛笔轻轻将雄花花粉弹撒在雌花柱头上。

(4)插花授粉法　开花初期，剪数株雄花花枝插入1%的糖水瓶中，挂在远离雄株的母树中间，依靠风力，虫媒自然授粉。此法适用雄株分布不均的果园，应注意及时给瓶中加水，以免瓶中雄花枯萎。

(5)机械授粉

①花粉的收集　在授粉前2～3天，选择比雌树品种花期略早、花粉量较多、与雌性品种亲和力强、花粉萌芽率高、花期长的雄株，采集其上含苞待放或初开放而花药未开裂的雄花。雄花的采集量按每公顷不低于15 000朵花计算，一般花重在18千克左右。

将采集到的雄花用手在2～3毫米筛或铁丝网上摩擦，剔除花瓣和花丝；或用小型电动粉碎机对所采雄花进行粉碎，再过筛剔除花瓣和花丝。每15 000朵花可得到3 450克左右花药。将花药在牛皮纸或开药器上平摊成薄层，自然阴干；或在22℃～25℃、空气相对湿度50%的干燥箱中放置一昼夜，花药即可自行开裂，释放出花粉。然后再用100～120目筛筛去囊壳等杂物，贮于瓶内备用。每15 000朵花可收集105克左右的纯花粉。

②喷粉　为节约花粉，在不影响授粉质量的前提下，可在花粉中加入比例不高于20倍的干淀粉、石松子等。在全树25%左右的花开放的上午8～10时或下午15～17时，将混合好的花粉用人工授粉器喷于雌花柱头上。如遇阴雨天可在雌花未全部开放形成钟形时，用人工授粉器将花粉喷到雌花柱头上。

③喷雾　猕猴桃花粉遇水易破裂而失去活性，糖液可防止花粉在溶液中破裂，蔗糖还可促进花粉发芽。为了促进花粉萌发，也可添加硼酸等促进花粉管伸长的物质。按10升10%糖水（混后立即使用可不加糖或少加糖），加50克花粉的比例配制成花粉溶液。应注意的是，此花粉液应在2小时内用完，最好随配随用。在全树25%左右的花开放的上午8～10时或下午15～17时，利用手动喷雾器直接将花粉溶液喷在开花2天内、柱头新鲜湿润的雌花上。授粉后3小时内若遇到中等强度以上降雨，需重复授粉；如果花粉浓度大（如200倍花粉溶液），也可不用补充授粉。

三、果实套袋增质技术

猕猴桃是一种中等喜光性果树，在许多引种栽培地区常因高温、干旱以及强光危害而导致落叶落果、果实品质下降、产量和贮藏性降低，甚至植株死亡等，严重影响其经济效益。高温、干旱、强光是通过影响冠幕微气候环境、抑制光合作用等生理过程，破坏叶片细胞膜的结构和功能等来影响猕猴桃正常的生长发育，而遮阳、果实套袋等调控措施是缓解这一危害的有效途径。另外，套袋能使果实表面保持洁净，可使灰尘、农药及害虫分泌物不能直接污染果实产生果锈，可很好地改善果实外观形象。研究表明，低海拔地区猕猴桃采前落果严重，通过套袋能显著减少采前落果率；海拔较高的地区，套袋的果实成熟较晚，贮藏寿命更长。但是，该项技术也存在缺点：套袋会使果实中的糖分、维生素等含量有所减少，果实风味变淡，果色变黄，品质下降且需要较多的人工。所以，是否套袋还要根据实际情况进行决定。目前，猕猴桃果实套袋主要针对商品性高的品种或有特殊性状的优良品种。一般套袋后每千克可提高价值1～2元。

（一）套袋时间

谢花后20～30天（5月下旬至6月上中旬）进行，过早会影响果实增大。一般以上午8～12时、下午15～19时套袋为宜，此时可防止太阳暴晒。

（二）纸袋种类

以单层褐色纸袋为好。袋长约15厘米，宽约10厘米，上端侧面黏合处有5厘米长的细铅丝，果袋两角分别纵向剪2个1厘米长的通气缝。纸袋有底部封口和不封口2种，无论是哪种，都要选择透气性好、吸水性小、纸质柔软的木浆纸袋。

（三）套袋方法

在套袋前首先要喷一次杀菌、杀虫剂混合液，选用80%大生M-45可湿性粉剂、50%多菌灵、70%甲基硫菌灵等，可防治褐斑病、灰霉病，以及东方小薪甲、椿象类等，待药剂风干后，立即套袋。果实选定后，用左手托住纸袋，右手撑开袋口，先鼓起纸袋，打开袋底通气口，使袋口向上，套入果实，让果实处在纸袋中间，封口时先将封口处搭叠小口，然后将袋口收拢并折倒，夹住果柄。封口时不宜太紧，以免挤伤果柄。套袋时可先套外围果、大果，套后勤检查，以防被风吹落。一般在采收前10～15天去袋或把纸袋的下口撕开。去袋时间不能太早，如去袋太早，果实仍然会受到污染，失去套袋作用。也可以带袋采摘，采后处理时再取掉果袋。

（四）套袋注意事项

第一，一般应从树冠内膛向外套，这样不会碰掉套好的袋子。

第二，畸形果、扁果、有棱线果不套袋。

第三，套袋时轻拿轻扎，不要把铁丝扎到果柄上。

第四，套袋过早果柄易受伤，影响养分运输，出现黄色果的概率高；过晚套袋效果不明显。

第五，当天喷过药的猕猴桃果，最好在当天套完。

第七章 整形修剪

一、整形与修剪

(一)概 念

1. 整形 整形是根据生产或观赏的需要，通过修剪技术把树冠整成一定结构与形状的过程。如水平大棚架整形，“T”形架整形等整形方式。在生产上为了使树体的骨架结构分布合理，便于各种栽培管理和充分利用太阳光达到优质高产，一般都要给果木整形。整形是从幼树的苗期就开始的，目的就是要培养符合各种要求的骨干枝。在操作上要求每年连续不断地修剪，直至树冠成形。

2. 修剪 修剪是指对具体枝条所采取的各种修整和剪截措施。如短截、疏枝、缓放、回缩等修剪方法。修剪的目的是为了培养骨干枝和结果枝组，有时是为了控制树体生长量；有时是为了调节树体枝叶生长过大与果实生长迟缓的矛盾；有时是为了保护树体，减少自然灾害。为了使幼树快速成型、结果大树长期优质丰产、衰老树更新复壮，应经常对一直生长变化的树体进行适时而必要的修剪工作。

(二)二者的关联

整形首先多是针对幼树而言，是从整体上对树体实行控制，也包括果树一生当中的树形变化过程，主要任务是培养和理顺树体的骨架结构。修剪常是对成年结果树而言的，也包括幼树的整形技术，多是在整形的基础上进一步解决局部的不协调问题，主要任务是培养和更新结果枝组，调节生长与结果之间的矛盾。但是整形和修剪在技术操作上并不是互相孤立，而是密切相关。二者是统一的、不可分割的。整形必须依靠修剪技术才能实现，修剪技术也常常只有在合理的树形结构下才能更好地发挥作用。所以，整形是前提和基础，修剪是继续和保证，二者应密切配合，相辅相成。

(三)作　用

猕猴桃为攀援性藤本果树，其枝条具有逆时针盘绕生长的特性，干性弱，不能像其他的灌木、乔木那样直立生长。在自然界，它一般都要攀援在其他植物上才能正常生长；在人工栽培条件下，大多情况下要有支架，它才能正常生长和结果。猕猴桃生长势一般较旺，枝叶生长量大，每个饱满芽内有1～3个芽，可萌发成蔓，基部的隐芽容易萌发，可培育茁壮的主蔓，其蔓可长达10米左右，也很容易从主蔓上长出侧蔓。如果不适时进行合理的整形修剪，就会造成枝蔓相互缠绕、冠内密闭、无效叶增多、光照不良、枝蔓成熟度降低、花芽分化不良或不分化等现象，不但给田间管理造成不便，而且也严重地影响到树体产量和经济寿命。

猕猴桃树体通过整形修剪，可以在很多生态条件下正常生长发育和结果，减少或避免因不良环境条件而对树体生长产生的影响；可以使枝条在架面上分布均匀，光照良好，树体紧凑，叶片光合作用效率高，缓和树体生长与结果的矛盾；枝条充实，越冬性好，花芽分化好，减少因树冠郁闭等造成的病虫害；产量高而稳定，品质优良，管理方便。

肖松山(1999)对湖北蒲圻8年生海沃德做了整形修剪与不修剪的调查对比试验(表7-1)。结果表明：整形修剪能更好地提高果实的产量和质量。所以修剪的树比不修剪的树产量高、品质好。整形修剪还可以使树体迅速形成丰产树型，使营养生长与生殖生长得到平衡。另外，整形修剪还可以防止树体早衰、延长其结果年龄，从而延长获得经济效益的时间。因此，整形修剪是猕猴桃优质高产树体管理的一个重要环节。

表 7-1 整形修剪对树体结构的影响

处 理	树 高（米）	冠 高（米）	冠 幅（米×米）	树冠/米^2		单果重（克）	产量（千克/株）
				总面积	有效面积		
整形修剪树	2.0	0.3	4.8×3.9	18.7	16.3	96	59.5
未整形修剪树（对照）	2.4	0.7	6.4×4.5	28.8	9.5	60	12.5

另外，很多美味猕猴桃品种树势强，如果整形修剪不当极易造成旺长。为此，姜景魁等（2011）曾以盛果期美味猕猴桃金魁为试材，进行了控势整形修剪试验，即疏去强旺的徒长性枝条或保留基部 2～3 个瘪芽剪截，多留径粗 0.6～0.9 厘米的中庸健壮的中长结果母枝来削弱生长势，单株留结果母枝 80～100 个，对结果母枝的短截应适当长放，长枝、中长枝留长 13～16 个芽短剪；中枝留长 8～12 个芽短剪；短枝留长 4～6 个芽短剪。结果表明，通过控势整形修剪，可使树势过旺转变为树势强健，树体结构由过去散乱、密集、郁闭型改造成层次明显、透光良好的树型，而且试验果园单株产量明显提高。所以，合理的整形修剪可以起到平衡树势，调节生长和结果的矛盾，实现丰产、稳产、优质、高效的栽培目的。

（四）原　则

猕猴桃的生长发育尽管有一定的规律性，但在栽培条件和人为因素的影响下，不能千篇一律采用同一种模式。不同植株的修剪方法应根据其品种特性、性别、树龄、枝条长势强弱等有所不同，不同树体间采取的修剪方式和修剪程度有所侧重。所以，开始修剪之前首先就要确定该树的性别、树龄，再结合品种特点和树势强弱等因素，按照冬剪和夏剪的方法认真进行。

1. 根据不同结果母枝粗度和长势确定结果母枝剪留长度 品种不同，特征各异。根据结果母枝粗度和长势来确定剪留长短，强旺的结果母枝（粗度在 80 毫米以上，依品种不同而定，下同）剪留 20～40 厘米；细弱的结果母枝（粗度小于 60 毫米）剪留 15～20 厘米；长度不足 25 厘米的结果母枝一般应全部剪除。发育枝一般留 8～15 个芽短截。结果母枝的配置间距以 30～40 厘米为宜。

2. 不同树龄对整形修剪要求不同 幼树以培养树体骨架结构、促使树体尽快往所选树型的方向发展，大力培养结果母枝蔓和结果母枝蔓组为重点；盛果期树以维护树体骨架结构、促使树势由旺转为中庸，平衡营养生长和生殖生长为原则；衰老树以去弱留强、限制花量，更新复壮为主要目的。

3. 不同自然条件对整形修剪要求不同 山地、滩地、平地等地区，其土层厚度、土壤肥力以及降水量等情况各不相同，整形修剪也应因地制宜。山地、滩地条件较差，留主蔓枝量不宜过多，修剪量也应稍重；平地条件较好，留枝蔓量应较大，修剪量应轻。此外，气温高的地区，修剪量应轻，低温风大的地区，应酌情重剪。

4. 整形修剪要合乎生产要求 理想的树型和修剪技术能使猕猴桃树体早成形、早进入盛果期、容易丰产，而且结果年限长，便于管理。因此，树型要枝条配置合理、透光通风、大小合适，修剪量要因树因势给予增减，以发挥最大的生产效益。

二、修剪的基本技法

采用的修剪方法主要有抹芽、疏枝、摘心、短截、绑蔓、回缩等。

（一）抹　芽

1. 定义 抹芽就是除去刚发出的，位置不当或过密等不需要保留的芽。

2. 作用　达到有效利用养分、空间的目的。

3. 具体做法　抹芽每隔2周左右进行1次。主要是在夏季修剪的时候使用该方法，时间应从早春萌芽时期开始。主要抹去位置不当或过密的芽，如砧木芽、瘦弱芽、叶丛芽、背下芽；抹除晚发的芽，保留早发的芽。架面外围营养枝及外围结果枝上部摘心后发出的二次枝芽，因翌年无法利用，一律抹除，不予保留。抹芽要及时，冒出3～5厘米就可抹除，越早越好；抹芽彻底，就会避免大量营养浪费，并大大减少其他环节的工作量。根蘖处常会生出根蘖苗；主干上常会萌发出一些潜伏芽（会长成生长势很强的徒长枝），都要尽早抹除。

从主蔓或结果母枝基部的芽眼上发出的枝，常会成为翌年良好的结果母枝，一般应予以保留。由这些部位的潜伏芽发出的徒长枝，可留2～3芽短截，使之重新发出二次枝后缓和长势，培养为结果母枝的预备枝。对于结果母枝上抽生的双芽、三芽，一般只留一芽，多余的芽及早抹除。

（二）疏　枝

1. 定义　疏枝就是将整个枝蔓从其基部剪除。

2. 作用　猕猴桃的叶片大，光线不易透过，成叶的透光率约为7.9%，在果树作物中属透光率较低的类型。很多果树树体呈现圆锥状树形，层次较多，接受光照的表面积大。猕猴桃的树冠呈平面状，容易造成树冠内膛遮阳。由于营养具有就近供应的特点，光照不良的枝条和叶片光合效率较低，所以不能得到充足的养分，长期处于营养缺乏状态，在这些枝条上着生的果实就会生长不良、糖度低、果肉颜色变淡、贮藏性降低，花芽发育不良等。要获得正常的营养生长、较高的产量与果实质量，并确保翌年足够的花量，就必须使架面的叶片都能得到较好的光照。盛夏时节，若架面下有较多的光照斑点，则表明架面的枝条不过密，下层的叶片也能得到相当的光照。疏枝是对抹芽不及时或冬季修剪不彻底的弥补。由此可见，疏枝的重要性。

3. 具体做法　疏枝在冬季修剪和夏季修剪的时候都可以采用。

在冬季修剪的时候，对内膛重叠密生枝、细弱枝、枯枝、病虫枝和生长不充实、无培养前途的发育枝，应从基部剪除。结果枝、短果枝和短缩果枝在结果后衰老、腋芽弱小时，也应从基部剪除。

夏季修剪时，当新梢生长到 15～20 厘米及以上，花序开始出现时即可进行疏枝。一般从 5 月份开始，6～7 月份枝条旺盛生长期是疏枝的关键时期。首先，确定结果枝的数量，每个结果母枝上留 4～5 个结果枝，结果枝之间的间距为 15～20 厘米；然后在主蔓上和结果母枝的基部附近留足翌年的预备枝，选留 15～18 个生长健壮的枝条，以营养枝为主，在营养枝不够的情况下，选结果枝，在此基础上进行疏除。

（三）摘　心

1. 定义　摘心是指在新梢旺长期，摘除新梢嫩尖部分的一种修剪方式。

2. 作用　猕猴桃的短枝和中庸枝生长一段时间后会自动停长，但长旺枝的长势特别强，长度可达 2～3 米。生长旺盛的枝条到后期会出现枝条变细、节间变长、叶片变小的现象，而且枝条先端会缠绕在其他物体上，给日后的果园操作带来不便。所以，新梢需要及时摘心控制其长势。

生产前期摘心，可以削除新梢顶端优势，能暂时抑制其延长生长，使养分转移到旁侧的生长点上。故在花前 15～20 天对结果枝摘心，可使养分转向花序，改善花序的营养条件，提高受精能力，增加坐果率和促进果实膨大;经控制,还能使摘心的梢发生副梢,增加中、短枝数量。后期摘心,则可改善架面光照条件,促进花芽分化,充实枝蔓组织,并为翌年丰产奠定基础。另外,对春季风大的地区,春季早期摘心可以抑制新梢的快速生长,促进新梢的加粗生长,使新梢与基枝结合的牢固性得到提高;摘心后新梢的伸长长度降低,减少了新梢的迎风力,对减少强风对猕猴桃新梢的损害有显著的作用。

3. 具体做法 主要是针对夏季修剪所采取的一种修剪方式。摘心一般分为营养枝摘心和结果枝摘心。

(1)营养枝摘心 作为翌年结果母枝,强壮营养枝留15～18片叶摘心,也可放任生长至自然弯曲处,从打弯处摘心;中庸枝留10～12片叶摘心;弱枝留7～8片叶摘心。摘心后发出的二次枝留2～3片叶摘心,其余抹去。强壮枝及中庸枝抽发二次枝留2～3片叶重摘心,以后萌发的芽抹去。生长较弱的枝条,如春梢留叶过少,可用夏梢作结果母枝补充,二次枝留5～6片叶摘心,以后萌发的三、四次枝留2～3片叶反复重摘心或抹除。

生长旺盛的品种,摘心要轻,除按叶片数摘心外,对选留强旺枝,还可把枝条顶部出现弯曲、相互缠绕时作为摘心的标志,此时摘心,可不再出现二次枝。

(2)结果枝摘心 花前20天左右,对二道铁丝以外的结果枝,在花序以上留3～4片叶摘心,可使养分转向花序;摘心后发出的二次枝,一律去除,以使果实得到充分的物质供应。二道铁丝以内的结果枝摘心方法与营养枝一样。徒长性结果枝、长果枝从花序以上留8～10片叶摘心,一般结果枝花序留6～7片叶摘心,弱结果枝不摘心。摘心后新梢先端所萌发的二次梢只留一个副梢,其余去除。对保留的副梢,每次留2～3片叶反复摘心,以控制其生长,充实枝条。

(四)短　截

1. 定义　指将1年生枝剪去一部分,按剪截量或剪留量区分,有轻短截、中短截、重短截和极重短截四种方法。

2. 作用　适度短截对枝条有局部刺激作用,可以促进剪口芽萌发,达到分枝、延长、更新、控制(或矮壮)等目的。

3. 具体做法　猕猴桃树体主要在冬季修剪的时候应用该种方法。一般情况下,在夏季修剪时,很少对枝蔓进行短截。但是,对摘心时遗漏的徒长性结果枝和长果枝,应在其结果部位以上第7～8片叶处予以短截;同时,对遮挡光线较重的过长营养枝也可适当进行短截。进行短截修剪的关键是结果母枝长度的确定,即修剪长度。华中农业大学通过对艾伯特品种3年的修剪试验认为:结果母枝粗度大于0.8厘米的强旺枝,修剪长度为40～60厘米;结果母枝粗度在0.5～0.8厘米的中庸枝,修剪长度为20～30厘米;结果母枝粗度在0.5厘米以下的细弱枝,修剪长度为15～20厘米;粗度不足0.5厘米的结果母枝不进行修剪。猕猴桃结果母枝的强弱和冬季修剪时的长度对翌年的产量影响很大。另外,猕猴桃结果枝已结果的节位上都是盲芽,结果部位以上的各节才有腋芽,且在翌年能抽生枝蔓,所以短截修剪时需在结果部位以上进行。

(五)绑　蔓

1. 定义　将枝蔓均匀绑缚在架面上的一种方法。

2. 作用　可以使枝蔓牢固地在支架上生长,方便整形。绑蔓主要针对幼树和初结果树的长旺枝,是猕猴桃园管理极其重要的一项工作,尤其在新梢生长旺盛的夏季,每隔2周左右就应全园进行1次。

3. 具体做法　绑蔓在猕猴桃冬季修剪结束后进行。要按照树冠的空间及整形方法，及时把留下的挂果枝条均匀地绑扎在铁丝上，摆放的密度既不能过小，也不能过大。枝蔓的绑扎密度过大，这样做的结果是果实的数量虽然增多了，但是会使果实变小、果形变差、商品率较低，达不到好的经济效益。绑蔓时间要适宜，过晚进行不仅容易损伤枝条出现伤流，而且容易碰掉花芽，对树体生长极为不利。先将主蔓在两侧中心架丝上绑死、绑牢，然后把母枝由中心架丝向两边分开，向外围拉平，保证架面平整、整齐。主干、主枝、母枝一律要扶正拉直后再绑，过于弯曲时，可用棍棒将其背直后固定。绑缚枝组时要由下向上、由内向外呈放射状分布，长短枝搭配、插空，分布均匀，做到不重叠、不交叉。绑扎在铁丝上的枝蔓相互之间的距离大体在 10～15 厘米，每棵树呈“打伞形”。为了防止枝条与铁丝接触时受到摩擦损伤，绑蔓时应先将细绳在铁丝上缠绕 1～2 周，再绑缚枝条，不可将枝条与铁丝直接绑在一起。绑缚不要过紧，可采用“∞”字形绑蔓，松紧程度以能插入一根手指为宜，使新梢能有一定的活动余地，以免影响其加粗生长。现在，也有果农用专用果树的绑蔓机进行绑蔓。

（六）回　缩

1. 定义　也称缩剪，对 2 年生以上的枝条进行短截即为回缩。

2. 作用　回缩的作用因回缩的部位不同而不同。但主要有以下两方面的作用：一是更新复壮；二是抑制生长。

3. 具体做法　对各类枝条的修剪，要根据枝条的生长势，芽的数量和长度来确定。一般对于徒长性结果枝，应在结果部位以上剪留 3～4 个芽，中果枝在结果部位以上剪留 2～3 个芽为宜，短果枝留 1～2 个芽或一般不修剪。对已衰老的或连续 2～3 年以上的结果母枝，应进行更新修剪。若母枝基部有生长充实健壮的结果母枝或营养枝时，可将结果母枝回缩到健壮部位进行剪截，从而可以防止结果部位外移;若结果母枝弱或其上分枝过高,则应从其基部有潜伏芽位置以上的部位进行剪除,剪截部位应掌握在离芽3厘米处,这样可以促其良好萌发;对于多年生枝蔓的更新修剪,要根据其衰老部位而定,采取局部或全部更新修剪。

三、修剪时期和操作方法

猕猴桃修剪按修剪时期可分为冬季修剪和夏季修剪。

(一)冬季修剪

冬季修剪是从落叶以后到翌年萌发前进行的修剪,主要是利用短截、缩剪、疏剪等基本技法,使幼年树尽快成形,适期结果;成年树生长旺盛,丰产稳产;老树能更新复壮,延长结果年限。修剪时首先将各部位的细弱枝、枯死枝、病虫枝、过密的大枝蔓、交叉枝、重叠枝、竞生枝及下部无利用价值、生长不充实的发育枝等一律疏除,使生长健壮的结果母蔓均匀地分布在架面上,形成良好的结果体系,然后对不同类型的枝蔓采用不同的修剪方法。冬季修剪一般是从12月份到翌年2月份进行,但不同树龄的树应区别对待。成树、壮树不宜过早或过晚,一般在大的严寒过后至翌年树液流动前进行,以免消耗养分削弱树势。幼树、旺树可提早或延迟修剪,即落叶前或萌发后进行,以达到人为造成养分消耗、缓和生长势的目的。

1. 初结果树的修剪 初结果树一般枝条数量较少,主要任务是继续扩大树冠,适量结果。冬剪时,生长在主蔓上的细弱枝应剪留2～3芽,以促使翌年萌发出旺盛的枝条;长势中庸的枝条修剪到饱满芽处,以增强长势。主蔓上的去年结果母枝如果间距在25～30厘米,可在母枝上选择一距中心主蔓较近的强旺发育枝或强旺结果枝作更新枝,将该结果母枝回缩到强旺发育枝或强旺结果枝处；如果结果母枝间距较大，可以在该强旺枝之上再留一良好发育枝或结果枝，增加结果母枝数量。

2. 盛果期树的冬剪

(1)徒长枝　徒长性枝条主要发生于以下四个部位：一是根际萌蘖枝会扰乱树形，大量消耗树体营养，造成树冠郁闭，可多从基部删除。二是在大剪(锯)口下，多数删除；但是若有空间伸展，可作为预备枝，留3～4个饱满芽短截，促使翌年抽生1～2个充实的营养枝，培养成骨干枝或良好的结果母枝。三是发生于连续大量结果后，衰弱下垂的多年生侧蔓的后部背上，可作为更新枝，首先回缩掉衰老部分，再对徒长枝短截，通常保留5～7个芽。四是发生于上年修剪过量的营养枝、徒长性结果枝上，可留6芽以上短截，以降低其极性，缓和枝势(图7-1A)。

(2)发育枝　绝大多数的发育枝都可以成为很好的结果母枝。翌年会在其上抽生结果枝，若位置适当，应加以保护与利用。可根据品种长势及结果习性进行短截：中华猕猴桃、软枣猕猴桃长势较弱，一般留6～8芽短截为宜；美味猕猴桃长势较强，多留8～10芽短截。如果发育枝的数量较多，为保持翌年的产量，可将一部分枝条留3～4芽短截作为预备枝(图7-1B)。在枝量不足的情况下，可以利用当年的二次或三次健壮的发育枝(副梢)作为结果母枝，不必全部疏去。

(3)结果枝　各类结果母枝的剪留，要根据品种、整形方式、架式、树龄、枝条长势强弱而定。幼树枝梢较少，为扩大树冠，母枝可留长些；结果盛期树母枝宜留长；衰弱树和老龄树部分母枝应重截。一般美味猕猴桃品种结果母枝蔓修剪长度宜留长，中华猕猴桃品种修剪宜留短；中、长枝蔓结果品种(如豫皇1号、豫皇2号、海艳、晚红、金硕等)宜留长，中、短枝蔓结果品种(如湘吉红、天源红、红宝石星、翠香等)宜留短；棚架式架面较大宜留长，架面较小的“T”形架或篱架树宜留短。

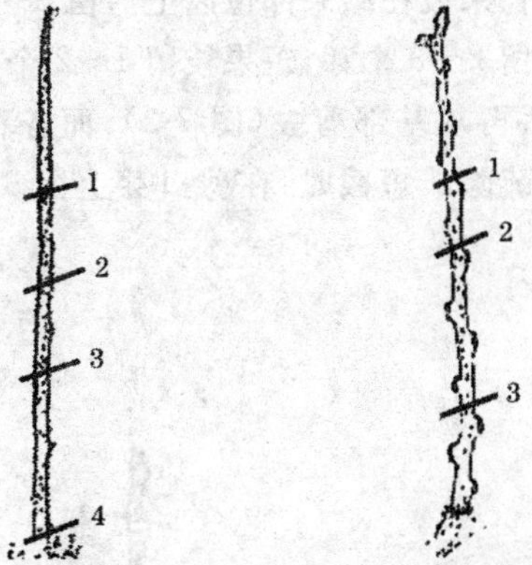

A. 徒长枝冬季修剪
1. 短截（缓和树势）
2. 短截（做更新枝）
3. 短截（做预备枝）
4. 疏枝（去除）

B. 发育枝冬季修剪
1. 短截（长势强的品种）
2. 短截（长势弱的品种）
3. 短截（做预备枝）

图 7-1 徒长枝和发育枝的冬季修剪方法

图片来源:李绍稳(1997)

猕猴桃树体的结果部位结果后,便成为盲节而不能继续抽生枝条,只有结果部位以上的节位才有腋芽,翌年能抽生枝条。所以,修剪时,不能在结过果的节位短截。对其他已结过果的枝条和营养枝,应进行回缩或疏除,其长度以不与其他枝蔓缠绕或不垂到地面为宜。结果枝的 2～7 节叶腋都能坐果。从植物学角度讲,花、果是一种适于生殖的变态枝。所以猕猴桃结果枝的着花节位的芽实质上已抽生成花果,此后变为盲节。而生长健壮的结果枝,往往在盲节以上都能形成混合花芽,成为翌年的结果母枝。因此,冬剪时除对太密的(枝间距在 30 厘米以内)、衰弱的加以疏除外,保留的结果枝一般都在结果部位(盲节)以上留数芽进行短截,以备翌年再抽生结果枝结果。徒长性结果枝,一般在结果部位以上剪留 4～5 个芽；长果枝在结果部位以上剪留 3～4 个芽；中果枝在结果部位以上剪留 2～3 个芽；短果枝留 1～2 个芽或不修剪，让其连续结果，衰弱后再从基部剪去（图 7-2）；而各种枯弱枝、病虫害损伤枝一律需要疏除。短截时，在剪口芽上留 3～5 厘米，以防止剪口芽抽干。

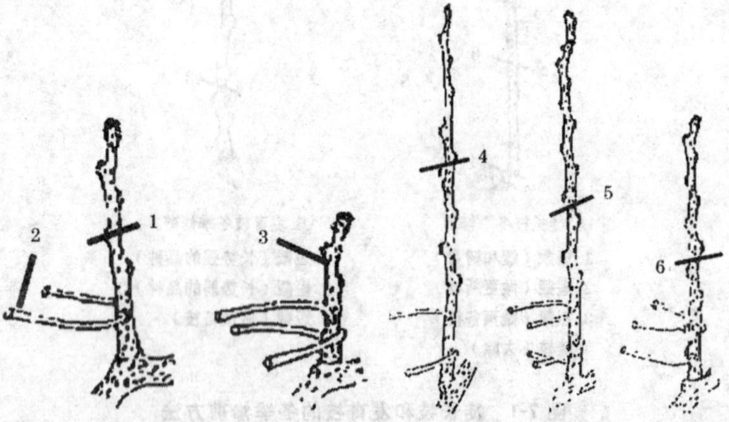

图 7-2　结果枝的冬季剪法

［图片来源：李绍稳(1997)］

1. 短果枝上有饱满芽的短截　2. 果柄　3. 短缩果枝的缓剪
4. 徒长性结果枝的短截　5. 长果枝的短截　6. 中果枝的短截

进入结果期的植株，除基部老蔓有时抽生徒长枝外，所有新梢都很容易成花，发育为结果母枝，所以修剪时要注意控制其密度，避免负载过量。在 10 米^2 的范围内，植株一般保留 12 个结果母枝，抽生 54～60 个结果枝，平均每个结果枝结果 3 个，共结果 162～180 个为宜。如留枝过多或不进行修剪，则所抽生的枝条节间短、叶片小，果个多、病虫重、质量差，结果部位外移，枯枝现象严重，经济效益低下；如修剪过重，则抽枝旺，成花少，产量也低。

猕猴桃果实成熟脱离后，多数品种的果柄保留在结果枝上。利用这一点，可区别什么是营养枝，什么是结果枝，哪株是雌株，哪株是雄株。

3. 衰弱树体的枝蔓更新 猕猴桃枝蔓的自然更新能力很强，从结果母枝中部或基部常会发出强壮枝条，在光照和营养等方面占据优势，使得翌年原结果母枝在此部位往上的生长势明显变弱，发出的枝条纤细，其上所结果实个小质差，甚至出现枯死现象；同时，还会出现使树体枝梢生长量加大、节间变长、结果部位外移等不良后果。如不能及时回缩更新，结果枝和发育枝会距离主蔓越来越远，导致树势衰弱、产量低、果实品质差等现象。所以，在盛果期以后及时对枝蔓进行更新修剪，是盛果期后猕猴桃冬季修剪的一项重要任务。

冬剪时可将老结果枝回缩到新选留的结果母枝，达到更新的目的。若结果母枝基部有生长充实健壮的结果枝或营养枝，可将其回缩到健壮部位。若结果母枝较弱或分枝过高，则应从其基部有潜伏芽的部位剪除，剪截部位应掌握在芽上 3 厘米处，促使潜伏芽萌发，选择一个健壮的新梢作为翌年的结果母枝。对多年生枝蔓更新修剪时，要根据其衰老部位，采取局部或全株更新。猕猴桃从多年生枝上萌发的新梢一般当年不能结果，因此结果母枝更新量以 1/3～1/4 为好。长势弱的短果枝型品种，如红宝石星、天源红，结果母枝或已结过果的枝条年年更新；长势强的长果枝型品种，如海艳、金硕，结果母枝或结果枝 2 年更新 1 次。通过更新修剪，可使果树达到年年丰产、老年树复壮并延长结果年限的目的（图 7-3）。

（二）雌株的夏季修剪

又称生长期修剪。在萌芽后至冬季落叶前都可进行，修剪方法包括抹芽、摘心、疏枝、疏花、疏蕾、绑蔓等。猕猴桃的新梢生长

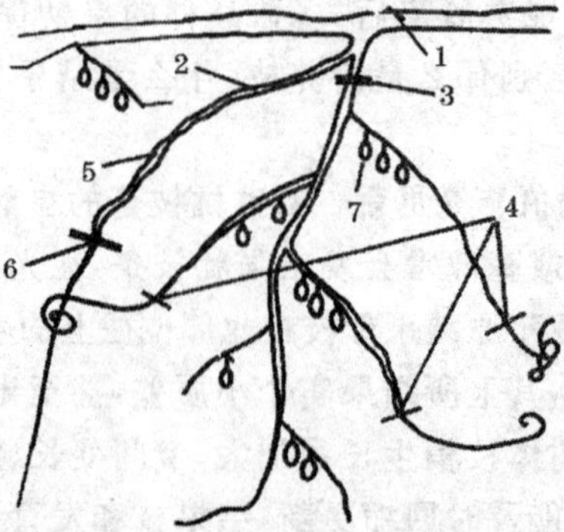

图 7-3　结果母蔓的更新修剪

1. 侧蔓　2. 生长蔓作结果母枝更新　3. 冬季修剪更新位置
4. 夏季修剪位置　5. 芽体　6. 冬剪短截处　7. 果实

很旺，且容易抽发副梢，枝蔓易相互缠绕。因此，要分多次对树体进行夏季修剪。其中疏蕾、疏花、疏果等花果管理技术详见第六章。

1. 第一次修剪　在萌芽期进行抹芽定梢，主要是抹去主干、主蔓以及侧蔓上萌发的无用潜伏芽、2 生芽或 3 生芽，一般只留 1 个芽，其余的抹去。如果结果母枝上萌发的芽过多，也可适当抹去一些，以便调节树体的结果量。一般高接换头的树也要适当抹除一部分砧木上的芽，以便养分在接穗部位的集中，但不可完全抹除。

2. 第二次修剪　第二次修剪在开花前 1 周完成。对生长旺盛的结果蔓从最末一朵花起 7～8 片叶处摘心，营养蔓留 10～12 片叶摘心以便培养成翌年的结果母枝。为节约养分，基部抽生的强徒长枝要及时除去。

3. 第三次修剪　第三次修剪在开花后 1 个月(郑州地区一般在 6 月上旬)进行。在第一次夏剪的基础上继续去除中下部萌蘖，对顶端已出现卷曲下垂的新梢，在距其类端 1 米左右处及早摘心或剪截，促使其发育充实，留作翌年培养结果母枝。对萌芽成枝率高的品种，还需疏去过密枝、细弱枝和病虫枝。对结果过多的树可适当疏剪部分结果蔓。一般在结果母枝上每隔 15～20 厘米的距离保留 1 个新梢，每平方米架面可均匀分布 10～15 个结果枝。及时对新梢进行绑缚，合理分布于架面，防止被风吹断。同期配套进行疏果工作。

4. 第四次修剪　第四次修剪在果实迅速生长的 7 月下旬进行。雌株在前几次夏剪的基础上除去萌发的新梢；对结果枝及时摘心和剪截；对促发的副梢留 3～4 片叶摘心。同时，在此期间还应疏去过密果、小果和畸形果，以保证养分充分供给生长良好的果实。

夏季修剪工作完成后，保证每平方米保留结果枝 10～15 根，每果枝结果 3～4 个，单株叶果比保持在 6～7∶1，结果枝上叶果比保持 2～3∶1，叶面积指数控制在 3.5～4.0。

（三）雄株的修剪

雄株主要是给雌株提供花粉用的，在抓好雌株修剪的同时，也不能忽视雄株的修剪。雄株在冬季不做全面修剪，只对缠绕枝、病虫枝、干枯枝、细弱枝、过密枝的枝条做适当修剪（图 7-4），以利于保持较大的花量，并且集中养分使花粉量大、品质好，有利于授粉。在花后 1 个月的时候，剪除雄株细弱枝和已开过花的枝条，短截健壮的生长枝培养成翌年的雄花序枝。另外，在雄株比较衰弱的时候，应采取去弱留强的修剪措施；过分衰弱的雄株应该适当重截，以利于恢复树势。具体方法是将开过花的雄花序枝从基部剪除，再从紧靠主干的主蔓和侧蔓上选留生长健壮、方位好的新梢加以培养（经过夏剪摘心、抹芽、绑蔓等措施）使之成为翌年的雄花序枝，并能在当年腾出更多的空间给雌株，扩大雌株生长和结果面积。在7月中下旬，雄株继续去除细弱枝，剪截生长健壮、方位好的新梢顶端作为翌年的雄花序母枝，使枝条长得粗壮充实，以保证翌年花多量大。

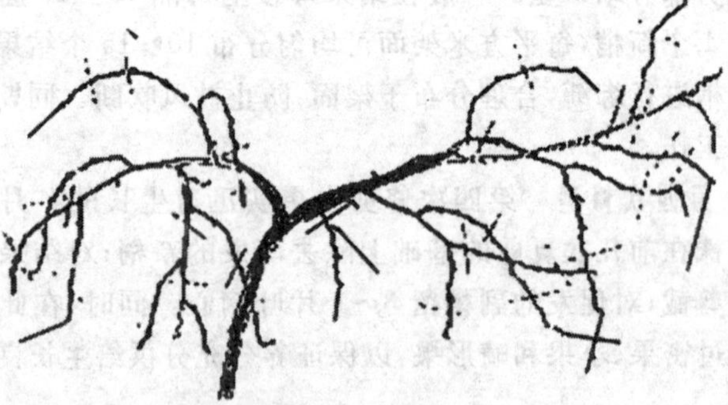

图 7-4　雄株修剪

(四)不规范树形改造

在生产中不少人为了增加早期产量、提高经济效益，在幼树阶段没有规范整形，造成了多主干、多主蔓的不规则树形，这种树形随着树龄的增长，缺点和问题会越来越突出。

1. 缺点和问题

第一，造成了营养的大量浪费。用于多主干、多主蔓和多年生枝的加粗生长的营养，超出了单主干、双主蔓树形的数倍以上，把本应用于结果的营养用于生长没有价值的木材方面，养分的无效消耗大大增加，降低了果实产量与质量。

第二，果实质量变差。多年生枝级次过多，1年生枝的长势明显变弱，因此果实个小、质量差。

第三，树体管理难度大。枝条相互交错紊乱，导致架面郁闭、通风透光不良，修剪管理难度加大，无法实现安全优质丰产的目标。

所以，要有计划、分年度逐步将不规范树形改造成为单主干、双主蔓树形。

2. 解决方法

第一，从多主干中选择一个生长最健壮的主干培养成永久性主干。从主干到架面的附近选择 2 个生长健壮的枝条培养为主蔓。再在主蔓上配备结果母枝。

第二，对永久性主蔓上的多年生结果母枝，剪留到接近主蔓部位的强旺 1 年生枝。结果母枝上发出的结果枝应适当少留果，促使其健壮生长，尽快占据植株空间。其他的主干均为临时性的，要分 2～3 年逐步疏除。首先去除势力最弱、占据空间最小的 1～2 个临时性主干，要控制其他临时性主干上发出的结果母枝的生长势，缩小其占据的空间。在修剪、绑蔓时临时性枝蔓都要给永久性主蔓上发出的枝条让路，翌年冬剪时，再从其余的临时性主干中选择较弱者继续疏除。在架面以下永久性主干上发出的其他枝条都要回缩、疏除。

第三，不规范树形的改造主要在冬季修剪时进行，生长季节也要按照改造的目标进行控制管理。改造时选留和培养永久性主干是关键，对临时性主干的疏除既不能过分强调当年产量而保留过多，也不能过急过猛，以免树体受损过重。

四、常用架式

猕猴桃是藤本植物，必须在定植前或定植后尽早地竖立坚固耐用的支架，以利于其生长和结果。如果搭设支架不及时，苗木不能向上直立生长，形成骨架而匍匐于地面，造成枝条互相缠绕，长势减弱或者由基部萌发新梢，影响主干的形成，大大推迟进入结果期的时间。

(一)架式的类型及其特点

1. 大棚架 通常指水平大棚架,即在立柱上设横梁或牵引粗铅丝,再在其上拉铅丝,呈纵横方形的网络状,架面与地面平行,形似平顶的大荫棚(图 7-5),故称水平大棚架。大棚架可分为软架(图 7-5A)和硬架(图 7-5B)两种类型,在新西兰、日本及我国部分地区用得较多,十分适合平地果园和庭院栽培用。软架适宜于面积较大的田块,因为四周都要埋设地锚,需较多大型边杆和斜杆,如果地块小,会浪费土地,且不便作业;硬架适宜于面积较小的田块,特别是狭长地块。因为硬架需要架横杆,所以成本比软架高40%左右。

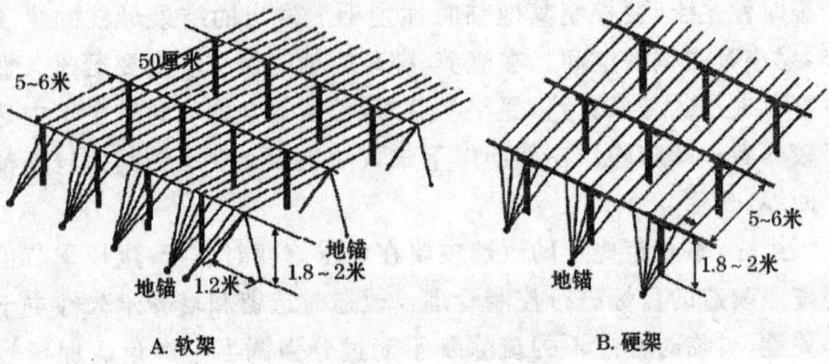

图 7-5 大棚架

[图片来源于:陈永安,等(2012)]

优点:棚架可充分利用地形的优势,架面平整,采光均匀一致,果实产量高、品质好;结构牢固,抗风能力强;果实采收方便,成形后可减少除草等劳动消耗。适合生长旺盛的品种。

缺点:整形时间较长,一般 4~5 年方可成形,投产迟。架式成形后通风条件不是很理想,生产中管理操作不很方便。建架成本较高。

2. "T"形小棚架 "T"形小棚架是在立柱上设一横梁，构成一个"T"字形的小支架，其架面较水平大棚架小，故称"T"形小棚架(图 7-6)。为了减少风害和便于管理，后来又发展了降式、翼式和锚式等改良型(图 7-7)。

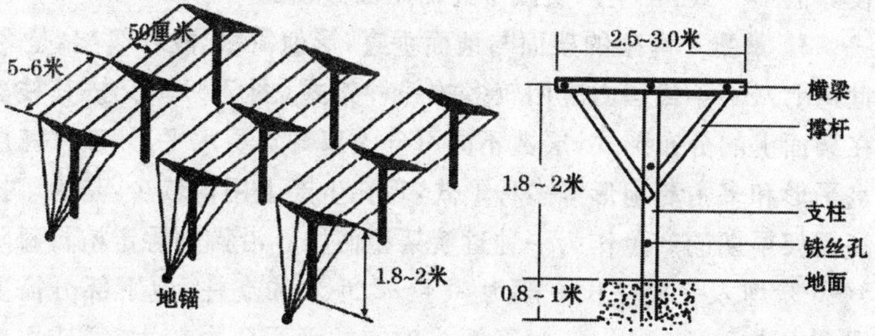

图 7-6 "T"形架结构

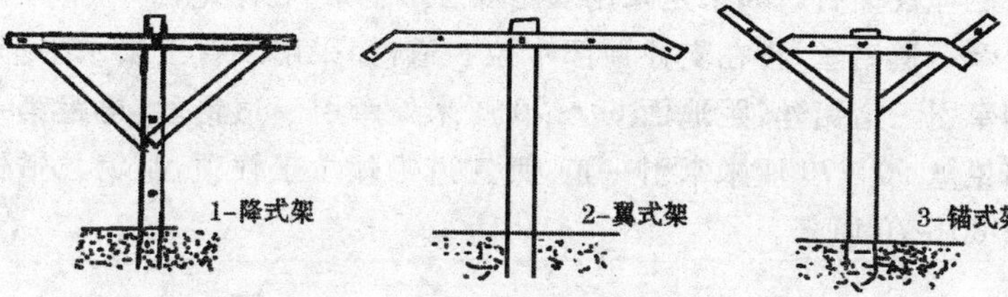

图 7-7 "T"形架改良架型

沿猕猴桃种植行的正中心，每隔 5～6 米设一立柱，立柱全长 2.6～3 米，埋入土中 0.8～1 米，地上高 1.8～2 米；横梁长 2.5～3 米架于立柱的顶端，两边各 1.25～1.5 米，距地面 60 厘米处拉一道铅丝牵引猕猴桃上架，再在横梁上牵拉 3～5 道平行铅丝，使其中 1 道正对种植行。每排支架的两端支柱，需加长、斜埋、加锚石，并向外牵引，或在内侧加撑柱加固，以防铅丝拉紧后立柱向内侧倾倒。

优点：适宜于不规则地块和高低不平的地块。它可以独立存在,方便灵活,建架成本较低且建架容易。便于田间操作管理,可有效减少劳动消耗。通风透光条件好,投产较早,产量和果实品质都不低于大棚架。

缺点:抗风能力相对较弱,架面不易平整,易倒塌。果实品质较好但不一致,在生产实践中还需不断改良。

3. 篱架 篱架的架面与地面垂直,形似篱壁,故称篱架,是20世纪七八十年代国内应用较多的一种架式(图7-8)。又按其枝蔓在架面上的分布形式、层数不同可分为双臂双层水平形、双臂三层水平形和多主蔓扇形等多种形式,现在生产上用得较少,是为了提高棚架早期的产量作为一种过渡架型使用。沿猕猴桃定植行每隔5～6米埋入一根柱长一般为2.4～2.6米的支柱,地下部分需要埋入土中0.6～0.8米,每行两头的支柱承受压力较大,须选用较粗的支柱,而且埋入地下部分也应较深,并在内侧设立顶柱,或在外侧埋设锚石。如果是采用双臂双层水平形,在距地面1～1.4米处牵一道铅丝,再在支柱顶部牵拉一道;如采用双臂三层水平形,则牵引三道铅丝,距地面60～70厘米处牵引一道铅丝,再距第一道铅丝60～70厘米牵引一道,第三道铅丝拉于柱顶,距第二道铅丝60～70厘米。

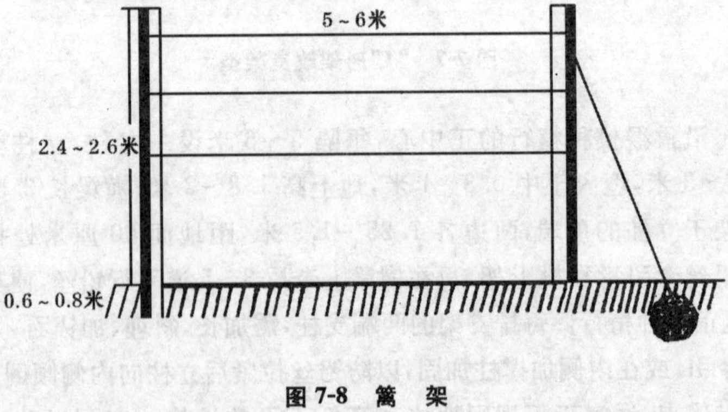

图7-8 篱 架

优点：建架成本低，管理方便。适宜于设施栽培使用，有利于早期丰产。

缺点：枝蔓生长旺，易徒长，给修剪管理造成不便，往往架面枝蔓丛生叶片密集，影响通风透光，中晚期产量低。尤其是生长势旺的品种，如翠香、金硕等采用篱架时如果修剪不当，容易使枝蔓过密而影响果实的产量、品质和经济效益。

（二）架式的设置

1. 建架的材料　猕猴桃园搭架是一道基础工序，也是建立猕猴桃园需要投入成本的重要项目之一。目前，生产中常用的有水泥制杆、木材杆、钢管杆等，与钢绞线、钢丝结合搭成各种架型。从经济、耐用的角度讲，水泥制杆是首选，但因为果园不可连作，所以本轮种植结束后这些水泥制杆处理起来比较麻烦，而且水泥制杆不可再回收，对环境有不良影响；木材杆比较环保，但用材量大、耐用性差、不牢固，在生产中很难推广；镀锌钢管杆坚固耐用，价格虽略高于水泥杆，但环保，可回收再利用，推荐使用。在生产中选用架材时，还应考虑到当地的实际情况，要做到既经济节约，又简单实用。

猕猴桃支架主要包括主杆、铁丝、横杆、斜杆等。各种架材规格见表 7-2。如果是木头柱或者是竹竿作支柱，埋入土中部分要做防腐处理，以延长其使用寿命。常用的方法是将埋入土中的那部分用火适当烧烤一下，使其表面碳化，可以达到防腐的目的；也可以将木杆的埋土部分，在煮沸的沥青中浸泡 3～4 分钟，达到防腐的目的。此外，前几年在我国一些科研和生产单位为减少生产投资，曾试用活树作立柱，也取得了不少成功经验。用活树作桩，可以进行篱架栽培，也可进行棚架栽培。适宜作桩的树种，可选择生长迅速、树干挺拔、树冠紧凑、容易更新、病虫害少、适应能力强的树种。在长江流域，推荐的树种有意大利杨、水杉、柳杉、落叶松等，为了跟上猕猴桃建园成形的速度，一般应在建园初期按照一定的株行距采用2～3年生的大树苗作活桩。

表 7-2　三种架材标准

规　格	水泥制杆	木材杆	钢管杆
主杆长度/米	2.4 （内含4道钢筋）	2.4	2.2（不含底座）
斜杆长度/米	2.6	2.6	2.4（不含底座）
主、斜杆粗度/厘米	12×12 （内含4道钢筋）	15×15	5～6
横杆长度/厘米	任　意	任　意	任　意
横杆粗度/厘米	0.8×0.8 （内含4道钢筋）	10×10	5～6
钢丝/号	5～8	5～8	5～8
钢绞线/毫米	直径0.6左右	直径0.6左右	直径0.6左右

来源于：陈永安，等(2012)。

生产上一般用5～8号铅丝。但是铅丝，特别在架面负重后易变形伸长使架面下沉，给园间操作带来不便。在新西兰，猕猴桃园允许篱架铅丝下沉20～25厘米，棚架铅丝下沉则不能超过10厘米。为了解决架面下沉的问题，许多地方采用了14～16号的钢丝，特别是近几年出现的一种在钢丝外包裹一层塑料的新产品更受生产者的欢迎，虽然其价格是普通镀锌铅丝的2倍，但由于其粗度小，单位架面的费用反而比用铅丝低；而且可以防锈，变形后易恢复，架面紧实，使用寿命长，弹性好，效果好，是目前值得大力推广的架面线材。最近，国外一些厂家，如法国的德莱玛(DE LAMA)公司，在我国葡萄产区推广的塑料线材，其性能光滑柔韧、质材轻便、热稳定性好、抗拉力强（优于电镀钢丝、普通的铅丝）、强度高，且有白色、黑色、透明色和大小不同多种规格可以选择，不妨在猕猴桃生产上积极试用。另外，不建议使用普通铁丝，因为铁丝在温湿度的作用下易氧化产生铁锈，在猕猴桃生长季节经雨水冲刷后会残留在果实表面上形成果锈，严重影响果实的商品性。

由于成年猕猴桃园架面的负荷量相当大，因此，无论是棚架或篱架的两端边柱，都需要埋设锚石拉线或撑杆来加固，否则两端立柱容易被拉断甚至倒塌。锚石一般是就地取材的块石、断石柱或水泥柱，也可用水泥、碎石浇铸成水泥墩。锚石埋设深度要在 80 厘米以下，捆绑的钢绳要牢固，以防拔起或脱落；在施工过程中要仔细认真，杆的行与列排列要整齐，上下要垂直，架型美观整齐对果园生产也很有帮助。斜杆直接撑在主杆的内侧，倾斜度为 45°。架设在架面上的横梁要固定、牢固，以防受力滑落或折断；架设在架面上的钢绞线和铅丝一定要用倒链或紧绳器拉紧、拉平整，并在交叉处用扎丝固定牢靠。

2. 架材的需要量　架材的用量因架式、架长、架高和柱间距的不同而不同。现以篱架的架材用量为例介绍如下：

行数＝面积/(行距×行长)

支柱数＝[面积/(行距×柱距)]＋行数

例如：某猕猴桃园面积为 667 米^2，行距 3 米，行长 60 米，柱距 6 米，那么该园所需支柱数为：

667/(3×60)＝3.7 行

667/(3×6)＋3.7＝40.76 根

即每 667 米^2 园地需要支柱 41 根。

铁丝的用量可通过下列公式进行计算：

铁丝总长度＝行数×行长×每行拉铁丝数

铁丝总重量＝铁丝总长度×千克/米

例如，上述猕猴桃园拉 4 道 8 号铁丝，每米 8 号铁丝重量约为 0.1 千克(各种铁丝规格见表 7-3)，则每 667 米^2 园地需铁丝数为：

3.7×60×4＝888 米

888×0.11＝97.68 千克

即每 667 米^2 用铁丝 97.68 千克。

表 7-3 铁丝的规格一览表

型　号	直　径 (毫米)	50 千克长度 (米)	每米重量 (千克)
6	5.156	305	0.16
8	4.191	463	0.11
10	3.404	699	0.07
12	2.769	1058	0.05
14	2.108	1824	0.03
16	1.650	2975	0.02

(三)架式选择

首先考虑果园的地势条件，如不规则地块和高低不平的地块可选用“T”形小棚架；面积较大的平整地块选用大棚架的软架。从种和品种特性来看，软枣猕猴桃生长势比美味猕猴桃和中华猕猴桃弱，可用“T”形架、篱架、弧形棚架和简易架。美味猕猴桃和毛花猕猴桃品种生长势旺，多以中、长枝蔓结果为主，故采用平顶棚架和“T”形架为宜。中华猕猴桃品种，以中、短果枝蔓结果者为多，除了选用平顶棚架和“T”形架外，也可用篱架、斜顶棚架和简易架。

五、常用树形的整形方式

猕猴桃在自然生长状况下干性弱，很难形成中央领导干，而且枝蔓纤长易相互缠绕，必须依附一定的架式并通过人为修剪措施才能形成合理的树形。猕猴桃建园工作完成以后，在其幼树生长期重点是要搞好整形工作，不同的架式整形的方法和成形所需的时间也不一样。猕猴桃树形种类很多，现仅将我国生产上应用较多的丰产树型和国际上比较好的树形介绍如下。

(一)大棚架树体整形

水平大棚架树体结构由主干、主蔓、侧蔓和侧蔓上的结果母蔓、结果枝组组成。采用单干上架，栽后留 2～3 个饱满芽短截，新梢萌发后，选择一条直立向上的健壮新梢作为主干，其余的萌芽全部抹去。为了能使选留做主干的新梢能够直立向上生长，需要在苗木旁立一竹竿做支柱，并将新梢扶直绑缚在竹竿上，防止缠绕，促使幼树迅速向上生长。待长到架高时，对主干摘心，迫使在主十先端萌发 2 根主蔓，将这 2 根主蔓作为永久性主蔓分别从架面中央向相反的两个方向引缚，使其在架面上呈“丫”形分布。当两相邻植株的主蔓相接时，用舌接法将其嫁接，形成沿行向延伸的一条线，这样更有利于架式的稳固和提高全园树体的整体抗性。冬剪时对主蔓短截，翌年春主蔓萌芽后，在主蔓上每隔 40～50 厘米选留一个枝蔓，作为侧蔓培养，其余的枝蔓摘心或者疏除。在侧蔓上每隔 30 厘米左右选留一个枝蔓，培养成翌年的结果母蔓，其他多余的枝条一律从基部疏除，以免影响树形。侧蔓、侧蔓上的结果母蔓及结果母蔓群可根据棚面空间的具体情况来进行培养和安排，一般 4～5 年便可完成整形工作。

(二)"T"形小棚架树体整形

"T"形小棚架实际是大棚架的一部分,其整形方法基本同于大棚架,只是当结果母枝及其结果枝生长超过横梁最外一道铁丝时就任其下垂生长。这种树形的优点是通风透光好,产量高,果实品质较佳;缺点是果形不一致,果实抗风力弱。"T"形小棚架的树体结构由主干、主蔓、侧蔓和侧蔓上的结果母枝组成。具体整形方法是:

苗木定植完成后,留 2～3 个饱满芽短截,促发强壮的新梢,选留一生长健壮直立枝作主干培养,其余枝条留下健壮的作辅养枝。为了保证所选留作主干的蔓条能够立向上直达架面,需要在苗旁边插一竹竿作临时支架,将主干拉直引缚其上,不让枝梢缠绕在竹竿上。如主干生长较弱出现缠绕现象时应在有饱满芽处短剪或摘心,促发夏梢,以便及时更换延长头,以确保主干旺盛向上生长。当主干长至中心铅丝或高出棚面中心铅丝时摘心,促其发分枝。选留其中最接近中心铅丝、方向好、生长健壮的 2 根枝蔓,沿中心铅丝顺引向两边延伸,作为永久性主蔓培养。主蔓的长度依株距和枝条长势而定,以相邻两主蔓不缠绕相接、互不影响为宜。或者当两相邻植株的主蔓相接时,用舌接法将其嫁接,形成沿行向延伸的一条线。主蔓选定后,主干上抽生的枝条能作辅养枝培养的可暂时留用,其余的应尽早除去,但到翌年冬剪时辅养枝需全部除去以维持标准树形。在永久性主蔓上每隔 50 厘米左右选留 1 个枝蔓与主蔓成垂直方向均匀分布,并作为侧蔓来培养。在侧蔓上每隔 30 厘米左右适当选留一些枝蔓,作为翌年结果母蔓。3～4 年后就可基本成形(图 7-9)。"T"形小棚架如果苗木质量好,建园标准高,管理精细到位,定植当年便能培养出两大主枝,翌年可以开花结果,株产可达 1.5～2 千克。

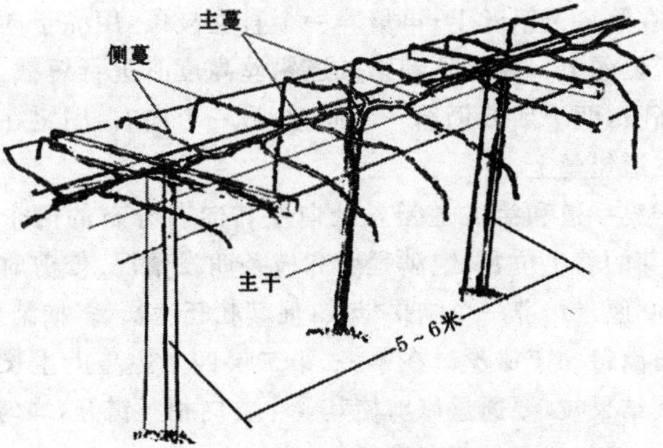

图 7-9 "T"形小棚架成形后

(三)篱架的树体整形

在篱架整形中,目前多采用单干整形,主要有双臂双层水平形和双臂三层水平形。篱架的树体结构与棚架基本相似,只是主干的高度比棚架矮,主蔓、侧蔓分布在垂直篱架面上。在生产中应用较多的是双层双臂水平形、双臂三层水平形及多主蔓扇形。

1. 双臂双层水平形 定植时将苗栽于两支柱的中间,栽后视苗木有无分枝分别处理。

①苗高壮而有分枝时,选留三个生长健壮、腋芽饱满的枝。其中两个枝向左右分开,固定在地面往上的第一道铅丝上;另一个向上直立生长,并用绳子等牵引使其快速生长到第二道铅丝上,并在此枝蔓生长到第二道铅丝高度时进行短截,使其抽发两个新枝,两个新枝一个向左,一个向右,固定在地面往上的第二道铅丝上。

②苗小而无分枝时,在剪口下留三个饱满芽剪截定干处理。等翌年春季三个芽萌发后,培养一个向左、一个向右两个方向的枝

条，固定在第一道铅丝上；再培养一个直立枝条，用绳子向上引缚到第二道铅丝上。在生长到第二道铅丝高度时进行短截，使其抽发两个新枝，两个新枝仍然一个向左，另一个向右，固定在地面往上的第二道铅丝上。

对于第一道和第二道铅丝处向左和向右分布的两个平行枝蔓，根据芽的着生位置、饱满程度和枝条萌发情况，修剪时上面每隔 40～50 厘米培养一个结果母枝，促其壮旺生长、多抽结果枝，使其均匀布满每一道铅丝。在第一、第二层四个主蔓上生长的结果母枝及其结果枝，要通过修剪使其着生方向相互错开，均匀占据架面空间，三四年就可见蔓布满架（图 7-10）。

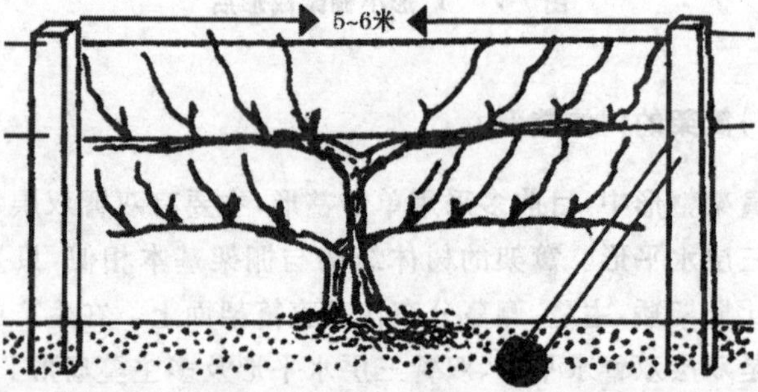

图 7-10　双臂双层整形

2. 双臂三层水平形　是指在双臂双层水平形基础上的继续发展，方法、步骤基本相同，只是从第二道铁丝再向上多培养一层枝蔓，共三层（图 7-11）。在整形修剪时，要特别注意主蔓结果母枝及其结果枝的上下、左右、前后相互错开，均匀占满架面。这种整形方法的优点是架面高、枝蔓多、结果多；缺点是管理比较困难，果实品质不一致。因此，此架只对生长势强的硬毛猕猴桃比较适用。

3. 多主蔓扇形　整形方式较前两种容易成形，且修剪灵活便

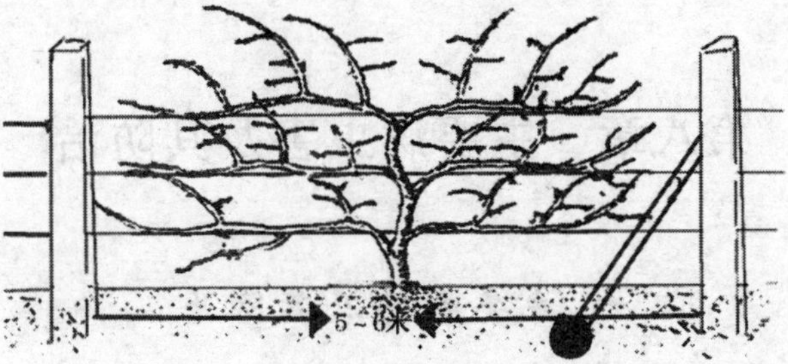

图 7-11　双臂三层整形

于更新。具体整形方法:苗木定植完成后,选留 3～5 个饱满芽短截,春季可萌发出 3～4 条壮枝,使其呈扇形均匀分布在架面上。冬季修剪时,生长健壮的枝条作主蔓,在 50～60 厘米处短截;生长较弱的枝条留 2～3 个芽重剪,促使其翌年春季萌发壮枝,用作培养主蔓。将各主蔓在架面上均匀分布,不断摘心促发壮枝,培养成侧蔓。每根主蔓上培养 2～3 条侧蔓,每条侧蔓间隔 40～50 厘米,在侧蔓上培养结果母蔓,整个架式培养完成后,主侧蔓在架面上即可左右交错均匀分布呈扇形(图 7-12)。

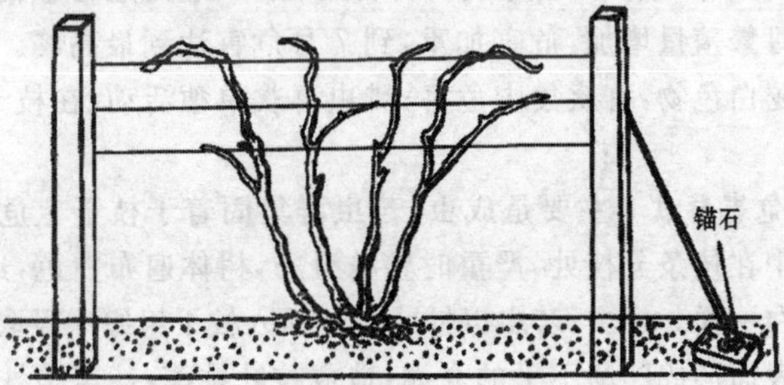

图 7-12　多主蔓扇形整形

第八章　主要病虫害及其防治

一、主要虫害及其防治

(一)桑白蚧

桑白蚧又名桑盾蚧,属同翅目蚧科。介壳虫类种类繁多,在我国已报道的有10多种,常见的是桑白蚧。

1. 形态特征

雌虫:雌成虫为橙黄色或橙红色,体扁平卵圆形,长约1毫米。雌介壳圆形,灰白色至灰褐色,壳点黄褐色,在介壳中央偏旁。

雄虫:雄成虫橙黄色至橙红色,体长0.6～0.7毫米,仅有翅1对。雄介壳细长,白色,长约1毫米,位于介壳的前端。

2. 生活习性及危害规律　1年发生2代,以受精雌成虫在被害枝干上越冬,于3月上中旬开始危害嫩芽,继而危害嫩梢嫩叶,到了5月繁殖量增加,危害加重,到7月危害达到最高峰。其中,雄虫分泌白色物,喜欢集中危害;雌虫喜欢单独活动,在枝干上较分散。

3. 危害症状　主要是成虫、若虫群集固着于枝干上危害,一般多集中在枝条分杈处,严重时整株分布,树体遍布白色,远看树干像涂白一样。成虫、若虫以针状口器插入枝干组织中吸取汁液,在枝条表面形成凹凸不平的介壳,造成枝叶枯萎,甚至整株枯死。在树冠郁闭时发生最多,随之带来霉菌感染,发生灰霉病。

4. 防治方法

第一,秋冬结合树盘下翻耕施基肥,破坏土内卵囊。

第二，在2月底前，在树干基部裹宽10～15厘米宽的粘胶封锁带，防止土中若虫上树危害。粘胶可用废机油、柴油或植物油1千克，加热后（温度勿过高）放入松香粉0.5千克，至熔解后即可备用。先用塑料薄膜包扎树干基部的四周，再涂粘胶呈一环状隔离带，这样既能预防粘胶中含有的残留汽油渗透入果树树皮，阻碍树体内养分的正常运输，又能安全地发挥阻碍若虫上树危害的作用。

第三，在幼龄树果园开始发现少量桑白蚧危害时，应不惜人力，彻底将其剪去销毁。

第四，成龄果树多虫园，在冬季落叶后，喷3波美度石硫合剂或5%煤油乳剂，杀死越冬虫体。

第五，因桑白蚧介壳较为松弛，可用硬毛刷或细钢丝刷刷除寄生在主枝干上的虫体。结合整形修剪，剪除被害严重的枝条。

（二）金龟子类

金龟子是危害猕猴桃的重要害虫，主要有铜绿金龟子、浅棕鳃金龟、红脚绿金龟、黄条叶丽金龟等。它是一种最普通的叶食性害虫，幼虫称蛴螬，危害植物幼苗的根茎；成虫称金龟了，危害植物的嫩叶及花。金龟子种类繁多，发生时期多不同，但防治方法近似，现选择最常见的铜绿金龟子，介绍如下。

1. 形态特征　幼虫体长32毫米、淡黄色；成虫体长18～21毫米、宽8～10毫米，头胸部及鞘翅均呈铜绿光泽，前胸背板两侧边缘有黄褐色条斑。

2. 生活习性及危害规律　1年发生1代，以老熟幼虫在土壤中越冬，翌年3月中旬于表土下活动危害。4月上中旬开始化蛹，4月中下旬开始危害猕猴桃叶片，5～6月份则为成虫羽化期。成虫具有假死性，趋光性很强，且潜伏在表土下，傍晚群居于猕猴桃叶片上取食，大量发生时能将叶片吃光，仅留叶柄和主脉。6月中旬为产卵盛期，8月后以老熟幼虫越冬。

3. 危害症状 主要危害嫩叶、嫩芽，被害叶片形成不规则的缺刻和孔洞。被害果实表面稍隆起，呈褐色疮痂状，被害处果肉变成浓绿色的硬斑。幼虫则危害地下的根，除咬食侧根和主根外，还会将根系剥食光。新开辟的生地果园虫口密度大。在山地果园普遍受害较严重。由于美味猕猴桃果皮有毛，金龟子不喜食，受害较轻。

4. 防治方法

第一，利用成虫的假死性，在晴天清晨或傍晚摇树，抖落地面踩死；利用成虫的趋光性，晚上在果园用黑光灯诱杀。

第二，成虫盛发期，可以在傍晚天黑前对果园边缘的植株上喷洒80%敌敌畏800倍液或75%辛硫磷1 000～2 000倍液进行防治。秋冬扩穴施肥时，每穴施辛硫磷颗粒剂100克，可以减少金龟子幼虫的危害。

第三，冬季翻耕园地，消灭越冬幼虫。

(三)线虫病

迄今为止，国内外资料所报道的猕猴桃线虫病只有猕猴桃根结线虫病。线虫主要有南方根结线虫、花生根结线虫和爪哇根结线虫，广泛分布于新西兰、日本、美国及我国长江南北各省。

1. 形态特征 分卵、幼虫、成虫三个阶段。卵细小，长圆形。幼虫像蛔虫，透明无色。雌虫虫体不对称，梨形，头小；雄成虫与幼虫体形相似。成虫在根结内交配。

2. 生活习性及危害规律 雌虫连续产卵2～3个月，产在寄主体内或土中。幼虫侵入寄主后，在寄主植物的中柱内，诱生巨型细胞和特殊的导管细胞。幼虫的分泌物刺激根部形成小瘤结，能阻断根部水和营养物质的上、下运输，使植株生长受阻，甚至死亡。当土温适宜时，其卵2～3天即可孵化幼虫。幼虫能存活数月，侵入寄主后即开始发育，离开寄主的幼虫主要在地面下10～30厘米的浅土层中活动，土壤湿度在10%～17%、温度在20℃～27℃最适合其生存，当温度超过40℃或低于5℃时，即不再适合生存，其主要传播途径是种苗、肥料、农具、泥土和流水。

3. 危害症状 它主要危害根部，从苗期到成株期均可受害。苗期受害：植株矮小，新梢短而细弱，叶片黄瘦易落，挖根可见根系大量板结。成株期受害：树势弱，枝少而弱，叶片发黄易脱落，结果少、小、僵硬。刨开根部土壤检查，受害植株的根系上，生长有米粒大小的瘤状物或纺锤形根结(即虫瘿)，根结表面光滑较坚硬，初为淡黄色，以后逐渐变褐腐烂。受害植株根系较正常根短且分叉少，特别是吸收类毛细根明显较少，养分吸收能力降低，受害严重的果树后期引发根系腐烂。

4. 防治方法

第一，抓好培育无病苗木，调种苗时，严格检疫，防止病虫传播蔓延。

第二，在栽过棉花、葡萄和其他果树的地上最好不栽或培育猕猴桃苗。据调查，30%～50%的病园是园址选择不当造成的。采用水、旱轮作(水稻、猕猴桃苗)，每隔1～3年育苗对防止感染根结线虫具有良好的预防效果。

第三，药剂防治。病区盛果期树，距树主干0.5米处挖宽20厘米、深15～20厘米的环状沟，按每株准备50%甲基异柳磷20毫升，施用时每份再加水10升，搅匀灌入沟内，覆土、踏实。

第四，病苗处理。发现已定植苗木带虫时，立即挖去烧毁，并就近挖深约1米的大坑，将附近带虫苗木的根系土壤，集中深埋至距地面50厘米以下(最好在雨季后进行)。

第五，加强栽培管理。加强对猕猴桃树的栽培管理，增施有机肥，重视枝梢管理和果园整形修剪，以增强树势提高抗病能力。另外，清除附近杂草，保持地面清洁；种植万寿菊、猪屎豆菜等对根结线虫有较大抵抗能力的植物。

(四)小绿叶蝉

小绿叶蝉为杂食性害虫,是广泛分布于我国长江南北的最普通猕猴桃害虫。

1. 形态特征 成虫体长2.1～2.8毫米,浅绿色,头部向前突出,头冠淡黄绿色,尤以额唇后部较黄。

2. 生活习性及危害规律 1年发生数代,以成虫在猕猴桃树上及间作物和杂草上越冬。翌年3月份,开始危害,以其刺吸式口器吸取幼嫩叶片汁液,且多集中在叶背危害。叶片愈薄,受害愈重。被害叶面呈现白色密集小针刺状孔,严重时导致提前落叶,造成产量显著降低。

3. 危害症状 成虫、若虫吸食芽、叶和枝梢的汁液,被害叶面初期出现黄白色斑点,后逐渐扩成片,整片叶成苍白色,提早脱落。

4. 防治方法

第一,农业防治。加强果园管理,成虫出蛰前及时刮除翘皮,清除落叶及杂草,减少越冬虫源。

第二,化学防治。在越冬代成虫迁入果园后,各代若虫孵化盛期及时喷洒40%乐果乳剂1 500～2 000倍液,或50%马拉硫磷乳油1 500～2 000倍液喷雾,均能收到较好效果。

(五)斑衣蜡蝉

属于同翅目蜡蝉科。

1. 形态特征 成虫雄虫体长14～17毫米,翅展40～45毫米;雌虫体长18～22毫米,翅展50～52毫米。成虫体黑色。头顶向上翘起呈短角状。

2. 生活习性及危害规律 该虫一般1年发生1代。以卵在枝蔓、架、分杈处越冬。每年发生1代,以卵块在猕猴桃枝蔓及支架上越冬。越冬卵一般于4月中旬开始孵化,若虫期约60天,6

月中下旬出现成虫，8月中下旬交尾产卵。成、若虫都有群集性，常在嫩叶背面危害，弹跳力强，受惊即跳跃逃避。成虫飞翔力不强，每次迁移仅1～2米。成虫交尾在夜间进行，卵多产于枝蔓和架杆的阴面。成虫寿命长达4个月，10月下旬逐渐死亡。

3. 危害症状　成虫、若虫刺吸嫩叶和枝干汁液，形成白斑；同时排泄糖液，其排泄物撒于枝叶和果实上，引诱蜜蜂及蝇舐食，从而引起煤污病，使枝干变黑、树皮干枯，或嫩梢萎缩、畸形。嫩叶受害常造成穿孔，严重的叶片破裂、树皮枯裂，甚至死亡。

4. 防治方法

第一，减少虫源。斑衣蜡蝉以臭椿和苦楝等为原寄主，建园时应远离臭椿和苦楝等杂木林，以减少虫源，减轻病害。

第二，消灭卵块。结合冬季修剪和果园管理，剪除有卵块的枝条，集中处理，彻底消灭卵块。

第三，生物防治。保护利用若虫的寄生蜂等天敌。

第四，药剂防治。常用药剂20%磷胺乳油1 500～2 000倍液、50%久效磷水溶剂2 000～3 000倍液、10%吡虫啉可湿性粉剂3 000倍液及菊酯类药剂2 000～4 000倍液喷杀。各种药剂应交替使用，以减缓害虫的抗药性。

（六）大灰象甲

别名大灰象鼻虫，属于鞘翅目象虫科。

1. 形态特征　成虫体长8～12毫米，灰黄色或者褐色，密被灰白色、灰黄色鳞片，因而外表不显黑色。头部较粗短，鞘翅略呈卵圆形，末端较尖，后翅退化。

2. 生活史及习性　每年发生1代。以成虫在土壤中越冬，入土深度为40～50厘米。越冬成虫以4月中旬开始上树危害，4月下旬至5月初达到危害高峰，6月下旬成虫减少。4月份全天候危害，5月上旬后于上午10点前和下午4点后危害，中午高温时成虫几乎全部下树到土缝或其他阴凉处隐蔽。成虫不善飞行,以爬行为主,危害部位较低。6月中下旬大量产卵,卵产于抱合的叶片中间。卵块少者10余粒,多者达数十粒,卵期8～9天,孵化的幼虫在抱合的叶片中稍事取食后,即钻入土中取食植物根部为生。在土中化蛹,当年羽化成虫,随即越冬。成虫具有假死性和群集性。

3. 危害症状 早春成虫以短喙咬食刚萌发的幼叶、嫩芽和嫩梢,危害部位成缺刻,常数头成虫群集取食。幼虫在土中危害根系。严重者造成整株无叶,甚至死亡。

4. 防治方法

第一,利用该害虫成虫具有假死性的特点,成虫发生期人工捕捉或振落捕杀。新定植的苗木在4～5月份罩网袋保护。

第二,在6月中下旬产卵期喷施80%敌敌畏乳剂1 000倍液。

第三,秋、冬季在果园内施撒7.5～11.25千克/公顷的辛硫磷乳剂,杀死越冬虫;或在越冬成虫出土期地面喷施克百威2 000倍液。

(七)蝙蝠蛾

1. 形态特征 老熟幼虫体长50毫米左右,头部红褐色,胴体污白色,圆筒形。成虫体长32～40毫米,翅展61～90毫米。体为褐色或茶褐色,变化较大,头部小。

2. 生活史及习性 长江以北地区2年发生1代,长江以南地区多1年发生1代。该虫以卵在地面、树干缝隙及幼虫在树干基部蛀食隧道内越冬。卵在4月中下旬孵化,成虫一般出现在8月中旬至9月上旬。

3. 危害症状 北方尚未看见大面积经济危害,南方山区和丘陵地区普遍受害较重;平原和阔叶杂混灌木少的地区受害少;肥沃土壤比贫瘠土壤受害重;整形修剪差的猕猴桃园比整形修剪好的猕猴桃园受害重;阴坡比阳坡受害重;山谷、山脚危害重。猕猴桃种植后 7～8 年为危害高峰期；8～9 年虽有危害，但不影响经济产量。幼虫危害症状是将树皮啃成环剥状，再蛀食髓部或向下蛀食直到根部，造成地上部枝梢干枯或容易被风吹断。大龄幼虫常在蛀食处排出大量粪穴，蛀孔处常畸形膨大，极易折断。

4. 防治方法

第一，建园时谨慎选择园址，定植猕猴桃幼树时及时清除果园周围的阔叶杂混灌木等树种。

第二，加强果园管理，合理修剪果树。冬季修剪时及时清理病虫害枝条，集中烧毁。

第三，生物防治。保护天敌类，例如食虫鸟、螨类、寄生性昆虫等。

第四，药剂防治。4 月中旬在树冠及地面喷洒 10％氯氰菊酯 2 000 倍液，50％西维因可湿性粉剂 1 000 倍液等具有较好的效果。

（八）椿　象

危害猕猴桃的椿象主要包括麻皮蝽和茶翅蝽，均属于半翅目，蝽科。

1. 形态特征

麻皮蝽：初孵若虫胸、腹部有许多红、黄、黑相间的横纹。成虫体长 18～23 毫米、宽 10～11.5 毫米。体较宽大，黑色，背面密布黑色刻点和细碎的不规则黄斑。

茶翅蝽：成虫体长约 15 毫米、宽 8～9 毫米，扁椭圆形，灰褐色略带紫红色。若虫与成虫相似，但无翅。

麻皮蝽和茶翅蝽的共同特征是成、若虫都是刺吸式口器；成虫都具有分节的喙，喙从头端伸出，不用时贴在头、胸、腹面；翅不用时平放在腹部背面，其末端相互重叠；都有臭腺，开口于腹面后足基节旁；不完全变态，若虫经过 5 个龄期变为成虫，若虫和成虫都能危害猕猴桃。

2. 生活史及习性

麻皮蝽:1年发生2代,以成虫在屋檐下墙缝中越冬,3、4月份出蛰,5、6月份产卵,6月下旬至8月中旬为第一代成虫盛发期,8～10月份第二代成虫盛发,并越冬。卵多产于叶背,一般11～12个聚生成块,有些产于果实基部。初孵若虫常群集于叶背,2、3龄后才分散活动。成虫飞翔力较强,多在较高的树干枝叶和嫩果上栖息。中午强日照下,常栖息于树干上或飞入屋檐下;具有微弱的趋光性,灯光下常可捕到;越冬时稍有群集性。

茶翅蝽:1年发生1代,以成虫在空房、屋角、檐下、草堆、树洞、石缝等处越冬。一般从4月底、5月初开始出蛰活动,飞到果园危害,6月份产卵,卵产于叶背,常20～30粒聚在一起。7月上旬始见初孵若虫。初孵若虫喜群集于卵块附近危害,而后逐渐分散。若虫危害至8月中下旬老熟羽化为成虫,成虫危害至9月底10月初寻找适当场所越冬。成虫白天活动、取食危害,遇惊扰即飞行,尤以早晨和下午较为常见,中午天热时活动减弱。

3. 危害症状 主要以成虫和若虫刺吸猕猴桃的花、芽、叶、枝和果,尤以危害果实造成的损失最大。猕猴桃叶片被害后,出现失绿黄斑;花、蕾被害后,可造成落蕾、落花;幼果早期被害可造成落果;果实膨大期被害,果面初呈小黑点,最后发育成凹凸不平的畸形果,受害处硬化,味变苦,受害严重时落果;近成熟期果实被害后,受害处果肉变硬,果实品质下降,极不耐贮藏。

4. 防治方法

第一,冬季结合积肥清除枯枝、落叶,铲除杂草,及时堆沤或焚烧,可消灭部分越冬成虫,春、夏季节特别要注意除去园内或四周的寄主植物,以减少转移危害。

第二,可利用椿象的生活习性采取相应措施予以杀灭。如利用其假死性,于出蛰上树初期摇落或在早晨逐株、逐片打落杀死。越冬前在越冬场所附近大量群集的可集中捕杀,或在树干上束草,诱集前来越冬的害虫，然后烧杀。也可人工抹杀叶背卵块。

第三，5 月底以后可在果园悬挂驱避剂驱蝽王，每公顷可悬挂 600～900 支，驱赶椿象。

第四，自制烟剂熏杀。将锯末 70 千克、硝酸铵 30 千克、废柴油 1 千克，敌敌畏乳油 1 千克（或甲敌粉、林丹粉 2 千克）搅拌均匀，阴天傍晚或清晨在果园中心点燃，用烟熏杀。

第五，喷药杀虫。在若虫盛发期用 4.5% 高效氯氟氰菊酯 2 500 倍液，或 10% 氯氰菊酯乳油 1 500 倍液均匀喷雾。

二、主要生物病害及其防治

（一）褐斑病

1. 传播途径和发病条件　病菌以分生孢子器、菌丝体和子囊壳等在寄主落叶上越冬，翌年春季嫩梢抽发期，产生分生孢子和子囊孢子，借风雨飞溅到嫩叶上进行初侵染和多次再侵染。我国南方 5～6 月份正值雨季，气温 20℃～24℃时发病很快，病叶率高达 35%～57%；7～8 月份气温 25℃～28℃，病叶大量枯卷，感病品种满地落叶。此病是猕猴桃生长期最严重的叶部病害之一，对产量和鲜果品质影响很大。

2. 危害症状　主要危害叶片和枝干，有时也危害果实表面。病斑主要始发于叶缘，也有叶面。初呈水渍状污绿色小斑，后沿叶缘或向内扩展，形成不规则的褐色病斑。多雨高湿条件下，病情扩展迅速，病斑由褐变黑，引起霉烂。正常气候下，病斑四周深褐色，中央褐色至浅褐色，其上散生或密生许多黑色小点粒，即病原的分生孢子器。高温下被害叶片向叶面卷曲，易破裂，后期干枯脱落。叶面中部的病斑明显比叶缘处的小，病斑透过叶背，黄棕褐色。

3. 防治方法

第一，冬季彻底清园，将修剪下的枝蔓和落叶打扫干净，结合施肥埋于坑中。此项工作完成后，将果园表土翻埋10～15厘米，使土表病残叶片和散落的病菌埋于土中，不能侵染。

第二，清园结束后，用5～6波美度的石硫合剂喷雾植株，杀灭藤蔓上的病菌及螨类等细小害虫。

第三，发病初期用70%代森锰锌、50%甲基硫菌灵或多菌灵、80%喷克可湿性粉剂600倍液喷雾树冠，隔10～15天1次，连喷3～4次，可控制病害发生和扩展。2～8月份，喷1∶1∶100倍式波尔多液，可减轻叶片的受害程度。

（二）溃疡病

猕猴桃溃疡病已经成为制约猕猴桃产业发展的最严重病害。该病具有隐蔽性、暴发性和毁灭性的特点。在我国该病害已经在安徽、四川、湖南、福建以及陕西等省的猕猴桃栽培区域发生，并造成了严重的经济损失。

1. 传播途径和发病条件 可以通过风雨、昆虫传播；或在农事操作时，借修剪刀、农具等传播，从气孔、水孔、皮孔、伤口（虫伤、冻伤、刀伤）等侵入植物体内。猕猴桃溃疡病菌主要在病组织中越冬，也可随病残体在土壤中越冬。

当旬平均温度为10℃～20℃时有利于病害的扩展，最适宜的发病温度为15℃，温度超过25℃将停止扩展，不再出现新的病斑。大量的田间调查结果表明，病害发生始期一般在植株处于休眠期，溃疡病菌开始由植株的气孔、皮孔、伤口（虫伤、冻伤、刀伤）等侵入植株体内；在植株伤流开始后，病菌于寄主体内进行潜育增殖扩展，病斑数量显著增加；萌芽前，进入发病高峰，除主干受到严重危害外，主枝和侧枝上的发病率快速增加；在抽梢至伤流止时，病害的扩展逐渐减缓，随着气温的升高，病斑基本停止扩展，并且病斑周围出现愈伤组织。

2. 危害症状 该病害可危害树干、枝条、嫩梢、叶片及花等部位。感病后树干或枝条皮层组织变软，隆起，后病部龟裂，并从伤口、皮孔、芽眼、叶痕、树枝分杈处等部溢出乳白色黏液，后变为黄褐色，在寄主伤流期常与伤流液混合后呈红褐色或锈红色；剥开皮层可见韧皮部腐烂，木质部黑褐色，病组织下陷呈溃疡状腐烂。嫩枝感病后其上子叶焦枯、卷曲，花蕾萎蔫，不能张开。叶片发病后先形成红色小点，外围可见不明显的黄色晕圈，后形成不规则形或多角形褐色病斑，并可见 2～5 毫米的明显黄色晕圈。

3. 防治方法

第一，杜绝人为传播是关键，引种时不要从疫区引种。

第二，不间作易感染溃疡病的农作物，溃疡病是一种丁香单胞杆菌引起的病害，不但病菌侵染猕猴桃，还易感染桃、大豆、蚕豆、番茄、魔芋、马铃薯及洋葱，但不能侵染玉米、高粱、油菜、白菜、萝卜、胡萝卜和芹菜。因此，在猕猴桃果园间作时要合理选择作物。

第二，加强管理，增强树势。合理灌溉、合理施肥、合理修剪及合理负载量，减少果树伤口。生产中发现，凡是综合管理水平高的果园，树体健壮，染病就轻，或者不感染溃疡病。

第四，化学方法预防。95％CT 原粉、硫酸链霉素、90％链·土霉素、DTMz、加瑞农及氢氧化铜等药剂对溃疡病菌具有较好的抑菌及防治效果。在对其防治技术的研究中，发现采果后或入冬前期喷施铲除性杀菌剂，可铲除潜伏病菌；在立春后至萌芽前施用内吸治疗性杀菌剂抑制病菌扩展，可预防发病；在萌芽后至谢花期喷施灭杀性杀菌剂，可控制病情。

第五，彻底清园。冬季修剪后，将剪下的枝蔓、枯枝、残叶、残果清除出果园，集中处理或者烧毁，以减少病原传播。

(三)灰霉病

1. 传播途径和发病条件 病菌以菌丝体在病部或腐烂的病残体上或落入土壤中的菌核中越冬。条件适宜时产生孢子,通过气流和雨水溅射进行传播。适宜温度15℃～20℃,持续高湿、阳光不足、通风不良易发病,湿气滞留时间长发病重。

2. 危害症状 主要危害花、幼果、叶及贮运中果实。花染病时,花朵变褐并腐烂脱落。幼果染病初在果蒂处现水渍状斑,后扩展到全果,果顶一般保持原状,湿度大时病果皮上现灰白色霉状物。染病的花或病果掉到叶片上后,引起叶片产生白色至黄褐色病斑,湿度大时也常出现灰白色霉状物,即病菌的菌丝、分生孢子梗和分生孢子。贮藏期的果实易被病果感染。

3. 防治方法

第一,加强管理,增强寄主抗病力。

第二,雨后及时排水,严防湿气滞留。

第三,花前开始喷杀菌剂,如50%速克灵可湿性粉剂500倍液,或80%喷克可湿性粉剂100倍液,或乙烯菌核利可湿性粉剂50倍液,或50%异菌脲可湿性粉剂1 500倍液等交替使用。每隔7天喷1次,连喷2～3次。夏剪后,喷保护性杀菌剂或生物制剂。采前一周喷1次杀菌剂。

第四,采果时应避免和减少果实受伤,避免阴雨天和露水未干时采果。去除病果,防止二次侵染。入库后,适当延长预冷时间。尽量降低果实湿度后,再进行包装、贮藏。

(四)蔓枯病

1. 传播途径和发病条件 病菌以菌丝和分生孢子器在病组织内越冬,春季雨湿后分生孢子器中溢出分生孢子,借风雨飞溅传播,从幼嫩组织伤口侵入,每年抽梢期和开花期出现2个发病高峰，多雨、伤口多易发病，冬春受冻发病重。品种间抗病性差异明显。中华猕猴桃最感病。

2. 危害症状　主要危害枝蔓，病斑多在剪锯口、嫁接口及枝蔓分杈处产生红褐色至暗褐色不规则形的组织腐烂；后期感病部位略凹陷，上生黑色小粒点，即病菌分生孢子器，潮湿时小粒点上涌出白色孢子角，病斑沿枝蔓向四周扩展后致病部以上枝梢枯萎，逐渐死亡。

3. 防治方法

第一，北方不要在低洼易遭冻害的地方建猕猴桃园。

第二，选用抗病品种。

第三，加强管理，增强树势和抗逆能力，早春注意预防冻害，清除病枝蔓。

第四，发芽前采收后树体喷洒30波美度石硫合剂，新梢生长期喷1∶0.7∶200倍式波尔多液1～2次。也可用多菌灵或硫菌灵100倍液涂治。

（五）菌核病

1. 传播途径和发病条件　是南方多雨地区常见的病害之一。病菌可寄生油菜、茄子、番茄、莴苣、辣椒、马铃薯、三叶草等70多种植物。病菌以菌核在土壤中或附于病残组织上越冬，翌年春季猕猴桃始花期菌核萌发，产生子囊盘并弹射出子囊孢子，借风雨传播危害花器。土壤中少数未萌发的菌核，可不断萌发，侵染生长中的果实，引起果腐。当温度达20℃～24℃、空气相对湿度85%～90%时，发病迅速。

2. 危害症状　常见危害花和果实。雄花受害最初呈水渍状，后变软，继之成簇衰败凋残，干缩成褐色团块。雌花被害后花蕾变褐，枯萎而不能绽开。在多雨条件下，病部长出白色霉状物。果实受害，初期呈现水渍状褪绿斑块，病部凹陷，渐转为软腐。病果不耐贮运，易腐烂。大田发病严重的果实，一般情况下均先后脱落；少数果由于果肉腐烂，果皮破裂，腐汁溢出而僵缩；后期，在罹病果皮的表面，产生不规则的黑色菌核粒。

3. 防治方法

第一，冬季修剪、清园，施肥后，翻埋表土10～15厘米，使土表菌核埋深于土中不能萌发侵染。

第二，用50%乙烯菌核利可湿性粉剂、40%菌核净、50%异菌脲、50%速克灵可湿性粉剂1 000倍液，在发病始期和前期喷花或果实2次，防效好。

(六)软腐病

1. 传播途径和发病条件 猕猴桃软腐病，是果实生长后期至贮运期时有发生的一种病害，细菌多从伤口侵入，果皮虫伤或采果时剪伤的伤口，以及果柄脱落处都是细菌侵入途径。病原进入果内即潜育繁殖，分泌果胶酶等溶解种子周围的果胶质和果肉，醇发酵产生酸，最后造成果实软腐发臭。

2. 危害症状 发病初期，病果和健果外观无区别，中、后期被害果实渐变软，果皮由橄榄绿局部变褐，继向四周扩展，致半果或全果转为污褐色，用手捏压即感果肉呈浆状。剖果检查，轻者病部果肉呈黄绿色至淡绿褐色，健部果肉嫩绿色；发病重的果实皮、肉分离，除果柱外果肉被细菌分解呈稀糊状，果汁淡黄褐色，具醇酸兼腐臭味。取汁镜检，有大量细菌。

3. 防治方法

第一，选择晴天采果，轻摘轻放，尽量避免产生机械伤口，细选无病虫果及无伤果贮藏。

第二，对贮运果在采收当天进行药剂处理后再入箱。常用药剂与浓度为：2,4-D钠盐200毫克/千克加硫酸链霉素800倍稀释液，浸果1分钟后取出晒干，单果或小袋包装后再入箱。

(七)果实熟腐病(腐烂病)

1. 传播途径和发病条件　该病靠风、雨、气流传播以及修剪造成的枝条伤口感染。在20℃气温条件下经14～21天的潜伏期后侵染果实,即谢花后3周左右开始侵染幼果,果实成熟期表现出被害症状。贮藏期间腐烂率高者可达30%。

2. 危害症状　猕猴桃果实成熟时,在果实上的一侧出现类似大拇指压痕斑,微微凹陷,褐色,酒窝状,直径大约5毫米,其表皮并不破,剥开皮层显出微淡黄色的果肉,病斑边缘呈暗绿色或水渍状,中间常有乳白色的锥形腐烂,数天内可扩深至果肉中间乃至整个果实腐烂。

3. 防治方法

第一,幼果套袋。谢花后1周开始幼果套袋,避免幼果受侵染。

第二,药剂处理。从谢花后2周至果实膨大期(5～8月份)树冠喷布50%多菌灵800倍液或80%硫菌灵可湿性粉剂1000倍液2～3次,喷药间隔时间为20天左右。

第三,农业防治。清除修剪下来的猕猴桃枝条和枯枝落叶,减少病菌寄生场所。

(八)炭疽病

1. 传播途径和发病条件　借风传播,从气孔、伤口入侵。可危害叶子、枝蔓以及果实。雨水多、湿度大的南方猕猴桃果园比较容易发生。

2. 危害症状　被害叶片常从边缘起出现灰褐色病斑,初呈水渍状,病健交界处明显,逐渐转为褐色不规则斑;后期病斑中间变为灰白色,边缘深褐色,其上散生许多小黑点。有的病斑中间破裂成孔,叶缘略向叶背面卷缩,潮湿多雨时叶腐烂、脱落。茎秆受侵害后，开始形成淡褐色小点，病斑周围成褐色，中间长有小黑点，后期扩大成椭圆形。果实受害后，呈现水渍状，病斑圆形、褐色，最后腐烂。

3. 防治方法 可在开春萌发时喷洒800倍液70%代森锌、50%多菌灵，或1000倍液50%硫菌灵可湿性粉剂，每10天喷1次，连续2～3次，可以预防此病的发生和扩展。

(九)膏药病

1. 传播途径和发病条件 以往国内外文献均认为膏药病与介壳虫伴生，以介壳虫的分泌物为营养，但经进一步研究后发现，此病多出现于速效硼含量低于0.3毫克/千克的土壤地区和全硼含量低于9毫克/千克的2年生以上的栗树较老枝干上。以栗树为研究对象，发现5年生以内，枝龄愈老，含硼愈低，发病指数愈高；1年生的嫩梢基本极少发病。通过研究证实，缺硼是导致该病的主要诱因，同时提出了喷施硼肥是防治膏药病的新途径。土壤黏重或排水不良、隐蔽湿度大的老猕猴桃园易发病，在我国南方郁闭的果园时有发生。

2. 危害症状 常见的有灰色膏药病、褐色膏药病两种。主要发生在枝条和根茎部，在枝干上形成厚菌膜。灰色膏药病，初生白色绵毛状物，后转为暗灰色，中间暗褐色，稍厚，四周较薄，表面光滑。湿度大时，上面覆盖一层白粉状物。褐色膏药病，在枝条或根茎部形成椭圆形至不规则形厚菌膜，像膏药一样贴附在枝条上，栗褐色，较灰色膏药病稍厚，表面丝绒状，较粗糙，边缘有一圈窄灰白色带，后期表面龟裂，易脱落。

3. 防治方法

第一，通过修剪，去除过密的荫蔽枝，让果园通风透光良好；集中烧毁剪掉的枝条，减少菌源；做好果园排水工作。

第二，喷药防病。采用叶面喷0.3%硼酸液＋0.3%磷酸二氢钾混合液1～2次，或每公顷施6～7.5千克硼砂于地面，而后松土掺入土中，以免流失。切忌一次多施，以免引起硼中毒。1年只需施1次，以调整到土壤速效硼含量高于0.2毫克/千克，最好是0.3～0.5毫克/千克为宜。

（十）立枯病

1. 传播途径和发病条件 主要在苗期发生，为土传病害，从伤口、皮孔入侵。在高温、高湿的季节容易发生。

2. 危害症状 嫩苗期，在高温、高湿的多雨季节和幼苗生长过密的苗床上常易发生此病。初期在幼苗茎基部出现暗褐色斑，稍凹陷，病部扩展绕茎一周致幼苗枯死，但不折倒；病害危及根部时呈水渍状腐烂。

3. 防治方法

第一，选择地势高，排水好，土质疏松的土地做苗床、苗圃。

第二，苗床苗圃进行土壤消毒，施腐熟的有机肥；或用5 406处理土壤，可预防此病。

第三，发病初时及时拔除病苗集中烧毁，并在畦面撒草木灰和石灰的混合物（草木灰：石灰＝8：2），防止病害蔓延；发病中期用75％敌磺钠原粉800倍液，或用75％百菌清可湿性粉剂600倍液撒在畦面上。

第四，7～9月份高温干旱时，每隔7天连喷2～3次50％硫菌灵800～1 000倍液，或用1：1：200波尔多液或0.3波美度石硫合剂等杀真菌性药剂进行防治。

（十一）根腐病

1. 传播途径和发病条件 猕猴桃从苗期到成龄植株期都可发病，发病部位均在根部。

2. 危害症状 症状因病原不同有两种情况。

(1)密环菌　密环菌引起的症状初期根茎部皮层出现黄褐色水渍状斑,皮层逐渐变黑软腐,韧皮部和木质部分离,易脱落;在7～8月份,如遇久雨突晴,或连日高温,有的病株会突然出现萎蔫死亡,后期在患病部组织内部充满白色菌丝,腐烂根部产生许多淡黄色成簇的伞状子实体。

(2)疫霉病菌　疫霉病菌引起的症状,发病部位多从根尖开始,渐向上扩展,地上部分芽萌迟,叶片弱小,渐转变呈半活半蔫状态;感病品种始发于根茎或主、侧根,被害部位呈环状褐色湿腐,病部长出絮状白色霉,植株在短期内便转成青枯,病情扩展极为迅速。

3. 防治方法

第一,农业防治。培养无病苗木,选多年种植禾本科植物的无病菌基地,施用充分腐熟的厩肥或饼肥,土壤pH值大于8时不宜栽培;建园时清除园内所有植物残体;猕猴桃属需水性、耐温性弱的果树,在高温季节一定要采用合理的灌溉方式,切忌大水漫灌或串树盘灌,有条件的地方可实行喷灌或滴灌;合理栽植深度;合理负载,有些果农由于留果过多或使用大果灵,使果树严重超载,导致树势衰弱、抗性下降。

第二,药剂防治。对感病成龄果园,可用0.8%菌立灭300倍液或40%多菌灵400倍液灌根,每树2～3千克,每15天1次,连灌2～3次。

(十二)褪绿叶斑病

1. 传播途径和发病条件　发生不太普遍。20℃～26℃持续2周左右即有可能发病。该病靠汁液传播,园艺工具和嫁接接穗均可引起该病的蔓延,树势较强时不易发病,在缺少肥水管理,而且树势较弱的时候容易发病。

2. 危害症状　叶脉附近呈现不规则褪绿病斑,病部叶肉组织发育不良，局部变薄，颜色浅绿色，与正常组织形成厚薄不均的叶片不平或扭曲的状态。

3. 防治方法

第一，栽植无病毒苗木。

第二，生长季节发现有感病植株，立刻拔除，或做上记号。

第三，嫁接时园艺工具要消毒，可用70%酒精擦拭手和工具。

（十三）细菌性花腐病

1. 传播途径和发病条件 该病发生的严重程度与开花时间有密切的关系，花萼裂开的时间越早，病害的发生就越严重，迟则反之。从花萼开裂到开花时间持续得越长，发病也就越严重。另外，该病的发生与开花时期的空气湿度、地形、品种及果园混栽与否有着密切的关系。花期的连阴雨天气会加重病害的发生；在山凹和背风、近水源的地方所建的猕猴桃园发病严重，通风向阳的地方病害的发生就轻；开花早的品种发病严重，而开花相对迟的品种发病较轻；与桃、李等果树混栽的园子发病比纯猕猴桃园的要重，说明该病的病原菌很有可能在桃、李和猕猴桃之间相互交叉感染。雄蕊、雌蕊、花瓣、花萼的感病情况中雄蕊是最容易感病的，花萼相对感病较轻。

2. 危害症状 主要危害猕猴桃的花蕾、花瓣、幼果。初期感病花蕾、萼片上呈现褐色凹陷斑，斑块很快发展，当病菌侵入到芽内部时，花瓣变为橘黄色，开放时呈褐色并开始腐烂，花很快脱落。受害不严重的花也能开放，但花药花丝变成褐色或黑色后腐烂。病菌入侵子房后，引起落花、落蕾，偶尔能发育成小果的，也多为畸形。该病原菌也会危害叶，症状为褐色斑点，逐渐扩大，最终整叶腐烂、凋萎下垂。该病严重影响猕猴桃的产量和品质。

3. 防治方法

第一，在开花前1个月进行主干环剥具有明显的防治效果。

第二，改善花蕾部的通风透光条件。

第三，采果后至萌芽前喷3次80～100倍波尔多液，萌芽至花期喷硫酸链霉素100毫克/升，也可用30%二氯萘醌或20%福美胂可湿性粉剂800～1 000倍液，但要注意防止药害。

三、生理病害及其防治

(一)裂果病

1. 病原 系生理病害，主要是水分供应不均、营养不平衡、天气干湿变化过大等引起的。

2. 发生规律 果实裂果的严重程度与品种有关，如通常树势弱的品种，裂果严重；中华猕猴桃比美味猕猴桃裂果严重。

3. 危害症状 裂果病主要发生在果实上组织不大正常的部位，如锈斑、黑星病病斑、日灼处等，染病果实可从果实侧面纵裂，有的裂缝可深达1厘米，也有的从萼部或梗洼、萼洼向果实侧面延伸。此外，有些品种在贮藏期也可发生纵裂或横裂。

4. 防治方法

第一，栽植不易裂果的品种。

第二，注意水分管理，尤其天气干湿变化过大时，及时浇水或追肥可防止裂果。

第三，喷洒植物生长调节剂比久800～1 000毫克/千克。

第四，注意控制贮藏窖温、湿度，避免过高或过低。

(二)日灼病

1. 病原 该病是一种常见的生理性病害，可危害叶片、果实和枝蔓。主要发病原因是果实在夏季高温期直接暴露于烈日强光下，果实表面局部温度过高，水分失调而致灼伤，或由于渗透压高的叶片向渗透压低的果实夺取水分，而使果实局部失水，再受高温灼伤所致。另外，环境条件对日灼病的发生也有很大的关系。

2. 发生规律 一般篱架比棚架发病重；地下水位高、排水不良的果实发病较重；施氮肥过多的植株发病重。植株叶面积大、蒸腾量大时，发生日灼病也较重。夏季易发生果实和叶片日灼病的果园，冬末初春易发生枝蔓日灼溃疡。日灼病是一种分布范围较广、危害较大的非侵染性重要病害，常引起严重落果，一般落果率约20%，个别品种落果率高达45%左右。

3. 危害症状 受害果实最初在果面上出现淡褐色、豆粒大小的斑块，后扩大成7～8毫米椭圆形、表面略凹陷不规则的红褐色坏死斑。受害处易遭受炭疽病或其他果腐病菌的后继侵染而引起果实腐烂。枝蔓向阳面出现树皮灼伤，皮层局部坏死，纵向开裂，称为日灼溃疡。

4. 防治方法

第一，加强科学管理，果园覆盖秸秆等保墒工作是预防日灼病的基础；果园栽种牧草或间种绿肥，可减轻日灼病；适量增施优质有机肥，避免过多施用速效氮肥；注意排水，地势低洼的果园要注意雨后排水、降低地下水位。

第二，修剪时避免果实在阳光下直接暴晒，夏季持续高温和干旱少雨时加强灌溉，补充树体蒸腾散失的水分。

第三，多注意架面管理，夏季修剪时，在果实附近适当留下几片叶遮阳，以免果实直接暴晒于烈日强光下。在日灼病发生初期，用白纸粘贴在日灼果果面，并拉扯枝叶遮挡果实，以减少日光直接照射。其他部位过多的叶片要适当除去，以免向果实夺取过多水分。另外，果实套袋也能大大降低日灼病的发生。

第四，在高温季节，不要喷施机油乳剂及石硫合剂之类的农药，以免加重日灼病的发生。

(三)藤肿病

1. 病原 该病是一种常见的生理性病害,发病原因有很多,但是在缺硼的园地里该病经常发生。据调查,土壤含速效硼低于0.2毫克/千克的果园中发病较重,其枝蔓中全硼含量多低于10毫克/千克,而正常的枝蔓中全硼含量应在15毫克/千克以上(平均约23毫克/千克),因此认为此病多是由缺硼引起的。

2. 发生规律 此病多出现在2年生以上的老枝蔓上,1年生嫩梢仅在夏、秋高温干旱天气,土壤瘠薄时才会出现。

3. 危害症状 树体主干及主枝上出现上、下两端较细,而中间一段突然显著增粗,状如肿大的症状,因此命名为藤肿病。在患病部位,常有皮孔突出的粗皮,或者部分粗皮突出的皮孔进一步爆裂,甚至伴生长度达2~3厘米的裂口。同时,在此裂口之下的形成层组织多呈褐色坏死症状,并具发酵臭味。而且此肿大的枝段下端,常是分枝的交界处,其致密的节间细胞组织,具有明显的截留同化营养的作用。病后可导致树势减弱,甚至整株枯死。

4. 防治方法

第一,在早春树体展叶后到开花期间,结合提高坐果率,喷施0.2%~0.3%硼酸溶液2~3遍。

第二,早春按每平方米1~2克的量均匀在树下地面撒施硼砂。

(四)鸡爪叶病

1. 病原 属于一种生理性病害。系因缺钾引起,病害叶片含钾量多在1.26%以下,而正常健康叶片常在1.37%以上,缺钾果园土壤速效钾含量常在106毫克/千克以下。

2. 危害症状 主要症状表现为:萌芽后新梢生长较弱,叶色较浅,叶型较小。新叶充分长成后,叶缘周边宽2~3毫米处,叶色黄化,保持均匀的淡黄色。部分叶片自叶缘开始向内不规则的褐变、卷曲。少数叶片，向上卷曲时，卷成筒状。夏季新发叶片，较多自叶缘开始发病，并向主侧脉间叶肉组织扩大，出现褐变坏死，留下一个自主脉中部至叶基两侧的绿色三角形区，状如缺镁。严重时，整个叶片焦枯、变脆、碎裂脱落，留下叶柄与主侧脉基部形状如鸡爪的绿色残余，故称“鸡爪病”。发病叶片凋落，但少量果实却仍可残留树上。

3. 防治方法 宜用生物钾，或多施有机质肥对土壤进行钾素补充。每公顷土地每年施钾量不应少300千克，但钾易随雨水流失，故宜分多次施入，每次每公顷以施钾75～150千克为宜。应根据钾肥含钾百分比以及结果量多少，合理定施用量。施肥时期，则应以萌芽前、开花前及夏梢抽发前为主。

(五)畸形皱叶病

1. 病原 此病与新西兰史密斯(G. S. Smich)教授在其所著《猕猴桃营养失调诊断》书中描述的2、4、5-T药害相类似，也是和普通的多种病毒病害相类似的一种新型生理性病害。

2. 危害症状 表现为部分叶形变狭长，且向内抱合，多数叶出现近叶柄部分幼狭的各类畸形状态，并严重皱褶，叶片变小。此病常与鸡爪病等其他缺钾症伴生，且春梢出现此病，经施钾矫治后，夏梢新叶又可随同鸡爪病等缺钾症状同时消失，恢复正常。因而，可初步诊断此病是缺钾症的另一种新类型。

3. 防治方法 同鸡爪叶病防治。

(六)缩枝病

1. 病原 缩枝病是一种比较罕见的新生理性病害。初步确认，猕猴桃缩枝病的主要病因与缺硼有关。该病出现后的1～2年，植株多因生长量过小，同化营养严重不足导致迅速死亡。其发病原因，起初疑是严重缺钾所致，但施钾后，其他缺钾症状均能消失，唯独此缩枝症状残留，可见此病的致病主因并非缺钾，而是另有原因。最后发现，此缩枝病的主要原因，与其他果树的“丛枝”现象相类似。故据此原理，测定了病树根际土壤的速效硼含量，结果发现均属极低水平，全在0.26毫克/千克以下，且以0.12毫克/千克以下较多。同时，缩枝病表现出叶基小而腋芽很大的症状，原因就是输导组织在严重缺硼时不能正常发育，致在小叶内合成的同化营养物质难于输向根部，特别是在节位致密组织，更能阻滞养分输导，故同化物多被就地滞留，使腋芽显著膨大，形成一串含珠状的腋芽密挤现象。而且，由于根际几乎完全得不到营养的供应，常导致严重饥饿而整株早死。

2. 危害症状 开始发病时，春梢不能正常伸长，梢极短而节间密，但仍有1厘米以上的节间距离；叶型变小，并部分或全部叶片变窄，叶正面出现不规则的叶肉组织隆起，叶缘现规则或不规则的黄化。继而叶色进一步变淡，且愈近顶端，叶色愈近黄绿，叶肉组织的黄化部分扩大，并出现叶缘焦枯现象。部分轻病树所发夏梢，叶色显著较春梢叶淡，腋芽突出明显，节间也较密。发病严重的春梢，生长更衰弱，叶片进一步缩小，呈畸形卷曲，节间更显著缩短；病情更严重的新梢，已完全丧失伸长能力，节间长度竟缩到0.1～0.2厘米，叶片长度竟有不超过2厘米的微型叶出现，但腋芽却反而突出明显，彼此密挤于同一短梢之上，状如一串念珠。

3. 防治方法

第一，应适量及时喷施硼素，萌芽期除喷0.3%硼酸液2～3次外，并迅速分多次按每平方米根分布范围内1克左右硼砂撒施，以迅速提高土壤含硼量。但又不能一次多施，以免出现硼害。

第二，应多施腐熟有机质肥，避免其他营养缺乏。

第三，在夏秋高温干旱期间，须对树盘合理覆盖，并及时灌溉降温保墒，确保表土层浅根能正常吸收肥水。

(七)粗皮、裂皮病

1. 病原 属于一种生理性病害。此病常出现于土壤含速效硼 0.4 毫克/千克以下的园地,往往是其他缺硼症状发生的前奏。

2. 危害症状 较多出现于枝梢分杈处,病枝上新发叶片小、色黄。此病多出现在 2 年生以上老枝,裂皮的伤口常自粗皮皮孔开始进一步扩大。1 年生嫩梢在夏、秋季遇高温干旱时的贫瘠之地也常出现此病症,主要表现为皮孔突出或反卷的粗皮现象。在猕猴桃枝干上,所有粗皮、裂皮的伤口都为纵裂,深达形成层,长可达 2～3 毫米。裂皮严重时,形成层引起褐变腐烂,明显削弱树势,导致严重减产。

3. 防治方法 同缩枝病防治。

(八)黄化病

1. 病原 果园干旱缺水,或根系存在线虫病和根腐病等影响营养吸收,树体负载量大导致树势衰弱,土壤中缺少锌、锰、铁、镁等微量元素时均可以引起猕猴桃黄化病。其中,缺铁性黄化是最主要的黄化原因。铁是植物体形成叶绿素所必不可少的微量元素,铁素供应不足会导致叶片中叶绿素含量减少、光合作用速率降低,直接影响猕猴桃正常生长发育。在旱季和猕猴桃旺盛生长季节,由于土壤水分蒸发或被根系吸收,使土壤中盐浓度加大,黄叶现象也会更严重;相反,进入雨季后,由于盐分被稀释,黄叶现象会随之减轻。

影响该病的主要因素:①土壤 pH 值高,大量可溶性二价铁转化为不溶性三价铁而沉积,不能被猕猴桃根系吸收利用。②果园结果量超载,影响吸收根的形成。③石灰土壤中碳酸氢根离子含量高,影响铁的吸收、运输。④土壤管理粗放,地下水位高的低洼果园,土壤黏重、板结、通透性差,根系发育差,也会影响铁的吸收。

2. 危害症状 在盐碱地或石灰性土壤地区表现的黄化多为缺铁性黄化。健康叶中铁含量为80～200微克/克，当含量低于60微克/克时即表现缺铁症状。缺铁时猕猴桃嫩梢上的叶片变薄，叶色由淡绿色转至黄白色，叶脉间出现淡黄色或黄白色失绿；老熟叶片一般保持绿色，病叶较正常叶片小而薄。严重缺铁时，除叶脉保持绿色外，全叶失绿，甚至叶脉也失去绿色，果实也呈现黄色，病株枝条纤弱，幼枝上的叶片容易脱落，全株叶片均变成橙黄色以至黄白色，从叶缘开始向内焦枯，叶片早落。病株结果很少，影响果树正常发育，导致树势衰弱、减产，易受冻害及其他病害侵染。

铁、锌、锰、镁等微量元素缺乏所引起的失绿症状各有不同，现提供以下鉴别方法。

(1)病叶形状不同 缺锌的特点是小叶病，即在枝梢的顶端簇生小而窄的变形叶；而缺锰、缺铁、缺镁的叶片大小正常。

(2)失绿部位不同 缺锌、缺锰、缺镁时叶脉间失绿，叶脉及其附近仍然保持绿色；而缺铁的叶片只是叶脉本身为绿色，形成细的网状结构，严重时侧脉也失绿。缺镁时叶片有时在叶尖和叶基仍保持绿色，与其他缺素症状明显表现不同。病叶部位也不同，缺铁、缺锌的叶片多在枝梢的上部，且缺锌症状为簇生小叶，容易区别。而缺镁、缺锰的叶片多在枝梢的下部，尤其是严重缺锰时虽然几乎可使全部的叶片发生黄化，但顶梢的新叶仍保持绿色。

(3)病叶色差不同 缺锌、缺镁、缺铁的叶片，脉间的失绿部分与叶脉及其附近的持绿部分色差明显，尤其缺铁叶片非常黄白，色差更大。而缺锰叶片这种色差较小。

3. 防治方法

第一，线虫病类黄化病和根腐病类黄化病可按照线虫病和根腐病的防治方法进行；由过量挂果引起的黄化病，防治时应将疏果和增加树体营养相结合，在疏果的同时均衡补充树体营养。

第二，缺素类黄化病。方法是增施有机肥，调整土壤通透性，调整土壤 pH 值，使土壤各种营养元素供应平衡、全面，最好做到配方施肥。

第三，缺铁黄化病。秋施基肥的时候，混施硫酸亚铁，缺铁成年树每株施 0.5～1 千克。绕树盘一周，挖环状沟，施一层农家肥，撒一层硫酸亚铁，再施一层农家肥，可以改善土壤理化性质，增加土壤有效铁的吸收。同时，可在花后至采收期前叶面喷施 0.5%硫酸亚铁 2～3 次。

第四，缺锌黄化病。健康叶片含锌量为 15～28 毫克/克，当叶片含锌量在 12 毫克/克以下时，即出现缺锌症状，可以在生长季节叶面喷施 1 次 0.05%～0.1%硫酸锌，在休眠季节喷施 1 次 2%～4%硫酸锌。

第五，缺锰黄化病。花后叶面喷施 1 次 0.2～0.3%硫酸锰。

第六，缺镁黄化病。健康叶中镁含量为 0.3%～0.4%，当新形成的叶片镁含量低于 0.1%时就会出现缺镁症状。轻度缺镁的果园，可在 6～7 月份叶面喷施 1%～2%硫酸镁溶液 2～3 次；缺镁较严重的果园，可把硫酸镁混入有机肥中根施，每公顷施硫酸镁 15～22.5 千克。

第七，选用猕猴桃专用营养液或果树营养液，在病树主干基部钻孔打眼至树的髓部(主干直径的 1/2 处)。营养液用量根据树干直径而定，直径 1 厘米左右的用营养液 1 毫升(原液)，落叶后休眠前将原液稀释 30 倍使用；生长季将原液稀释 50 倍使用。注意要用软水(洁净的雨水、河湖水等)稀释，随配随用。

第九章 果品采收与商品化

一、适时采收、分级与包装

(一)果实成熟期

猕猴桃果实成熟期分为以下三个阶段。

1. 采收成熟期 即生理成熟期。猕猴桃果实成熟时,其外观颜色没有明显变化。因此,生产中,最直接的判断方法是借助折光分析仪测定其固形物含量来确定,一般中华猕猴桃可溶性固形物含量达6.2%～6.5%,美味猕猴桃的可溶性固形物含量达6.5%～7%,就可以认为达到采收成熟期。另外,也可根据果皮硬度、果实发育期及果实色泽等进行综合判定。

2. 生理后熟期 这一阶段的果实细胞没有分离,且所含淀粉未完全转化成糖,蛋白质和氨基酸水平也较低,所以果实口感既硬又酸涩。果实后熟期的自然完成,主要靠果实内部产生的乙烯类物质刺激果实,使其呼吸增强,从而加速淀粉分解成糖、蛋白质分解成氨基酸,提高了可溶性固形物含量,并加速细胞壁解离。外源乙烯类物质也能起到同样作用。因此,可通过对此类物质的控制,实现对果实后熟期的调控。在贮藏猕猴桃果实的环境中,增加乙烯含量,可以缩短后熟期,即催熟;减少含量,特别是将果实内部产生的乙烯类物质排除掉,则可抑制果实后熟,延长果实贮存期。将达到生理成熟期的果实给予一定量乙烯处理,就可使果品很快进入食用期。

3. 食用成熟期　此期，果实软硬适中，口感松软适度、酸甜可口，具有品种固有风味。

（二）适时采收

果实采收是果实栽培的最后一个环节，也是果实进行商品化处理的第一步。猕猴桃的贮藏寿命和品质受其收获时的成熟度影响很大。若采收过早，果硬味酸，无香皮皱，即便经过处理使肉质变软，品质也差，不堪食用，而且贮藏后不易催熟或尚未出库硬果就变色腐烂；若采收太晚，果心发硬，皮会木质化，香味也较为逊色，而且贮藏后很快软熟或腐烂，影响贮藏寿命。另外，过晚采收会影响树体贮藏营养的积累，降低树体抗寒性，从而影响其翌年的开花结果。试验表明，猕猴桃最适宜的采收指标如下。

1. 果实可溶性固形物含量　中华猕猴桃为6.2%～6.5%，美味猕猴桃在6.5%～7%时较好。

2. 果实发育期　每一个品种，从落花到果实成熟，都有各自相对确定的生长天数。例如，在陕西产区，秦美猕猴桃果实发育期一般130～150天，哑特为120～130天，海沃德为140～150天，红阳为110天左右。同一品种在不同地区成熟期略有变化，一般相差1周左右；平原与山区的采收适期有1～2周之差。

3. 果实硬度　中华猕猴桃硬度达7千克/厘米^{2}以上，美味猕猴桃硬度达9千克/厘米^{2}左右时可以采收。这种果实既耐贮藏，且贮藏后催熟易成熟一致，风味最好。

4. 果实色泽　主要观察果皮、种子、果肉3个部位的颜色。一般应在果皮叶绿素逐渐分解减退，底色呈现黄褐色；切开果实，种子为黄褐色，果肉表现疏松，呈现品种固有色泽时采收。对于黄肉品种还应采用色差仪测定果肉色度角，一般在103°或以下时采收。

没有糖度计的农户，近成熟时，可每隔几天试摘几个果，当果实较易从果柄处（稍用力）脱落时即可采收。山区野生猕猴桃采收期，一般在9月中旬开始，到10月底结束。

5. 果面特征变化 观察80%以上的果实果柄基部形成离层、果实达到容易采收的状态。

同一品种、同一贮藏方法，由于采收期不同，贮藏效果也会有很大差异。如海沃德猕猴桃花后176天采收的果实，常温贮藏至90天，好果率为80%；花后158天采收的果实贮藏至90天，好果率仅为25%。在冷藏条件下，该品种花后176天采收的果实，贮藏65天好果率为100%；贮藏155天，好果率还可达86.1%。

（三）采收方式

采收方式对猕猴桃的采后质量、贮藏效果影响很大。

第一，采收前15天内果园不能喷任何农药、化肥和其他化学制剂。采前5天内果园不能灌水。

第二，采收宜在无风的晴天进行，在阴天或晴天露水干后的上午10时以前或下午4点后至天黑前采收较好，雨天、雨后以及露水未干的早晨都不宜采收，否则严重影响贮藏性。

第三，果实应严防烈日暴晒、雨淋、鼠害等。多数猕猴桃外部有一层密布绒毛的表皮，它是果实免遭损害的一层天然屏障，一旦皮层受损，伤口不仅会导致微生物的侵染，而且损伤也会刺激乙烯的生成，加速果实软化、衰老和变质。猕猴桃贮藏中较早腐烂的果绝大多数是采收、分级、包装、装箱、运输时碰伤的果，据报道国内果品因机械损伤损失占总销量的5%以上。根据对猕猴桃烂果观测，因机械创伤烂果损失占总损失的50%～60%。所以，在搬运、码垛、贮藏出库过程中也要时刻注意轻拿、轻放、轻搬运，避免或减少磕碰、挤压、摩擦、振动和跌落的外力伤害。盛果用具底部及四周铺垫软物，每筐、箱装果10～15千克，严禁用塑料编织袋装运。从异地采运机械损伤较大，因此，推荐采用产地收贮的贮藏保鲜模式。

第四，猕猴桃采收一般有人工采收和机械采收两种方式。人工采收效率较低，劳动力成本较大，在小规模的果园可以采用。但是进行大规模的果园采收，有时需用机械采收。由于猕猴桃种植的地域局限性，对于猕猴桃采摘的机械自动化研究还比较少，国内外猕猴桃上还是主要采用人工采收。据悉，西北农林科技大学(2012)为实现猕猴桃的自动化采摘，设计了猕猴桃采摘机器人末端执行器，该末端执行器对猕猴桃的抓持成功率为100%，采摘成功率为90%，完成一次采摘动作耗时9秒钟。同时，该校(2013)设计了一种针对规范化种植的猕猴桃采摘机械，它能够在果实成熟期的果实分布平面内对果实进行识别与定位，以夹持和扭转的方式摘取果实，实现果实的自动化采摘。

(四)分　级

果实采收时，不同品种、成熟期、大小、产地等的果实应分开采收和贮放，切忌混在一起。不同植株或同一植株上有时成熟期不尽相同，在采收时一定要分期、分批进行，以便鲜果品质和产量的提高，也有利于果实的长期贮藏和经济收益。同一品种，先采大果、好果，后采小果、次果、有伤果。分级时，将果实装入底部和四周放有消毒纸屑的木(竹)或纸箱中，每箱限装10～15千克。

目前，猕猴桃分级标准有两种方式，一按重量，二按体积。二者差异不大，所以制定级别时按重量，而实际作业时则按体积。果实分级应在采摘以后立刻进行，以便尽早采取措施去除果实田间热。首先剔除病虫果、腐烂果、畸形果、机械损伤果。现在陕西、河南等猕猴桃生产较为集中的地区，较大规模的果实分级采用的是脱毛分级机。这是一整套猕猴桃毛刷去毛并分选大小等级的流水生产线，猕猴桃通过毛刷擦洗去毛及鼓风机风干，可有效脱去猕猴桃表皮的毛，工作效率高且不伤果实。猕猴桃去毛后，由传送皮带对接双通道自动上果选果机，猕猴桃可通过传送皮带自动运输到选果机分选等级大小。此设备自动化程度高，使用方便，节省人力、物力，有利于提高猕猴桃果品品质，从而也提高了猕猴桃的市场价值和竞争力。

人工分级可先进行目测分级，目测拿不准的再进行试孔分级，可轻拿轻放，会减少果实的摩擦碰撞和果面损伤，所以在零散、小型生产猕猴桃的果园还是主要采用人工分级的方式。分级工作最好在入库前完成。所以，应根据人力的多少，安排每天的采果量，做到当天采果，当天分级，24 小时内入库。这样对提高果实的贮藏性和延长商品果的货架期非常有益。

农业部于 2007 年颁布实施了 NY/T 1392－2007《猕猴桃贮藏技术》中华人民共和国农业行业标准。该标准主要对贮藏中华猕猴桃和美味猕猴桃规定了其感官要求，现摘录如下(表 9-1)。

表 9-1　猕猴桃的感官要求

项　目	等　级		
	一　级	二　级	三　级
单果重(克)	120～150	100～119	80～99
果　形	具有品种固有的形态特征，允许果面有轻微的凹凸或其他粗糙部分，但不得影响外观	具有品种固有的形态特征，允许果面有轻微的凹凸或其他粗糙部分，但不得影响外观	基本具有品种固有的形态特征，果面无明显影响外观的变形
洁净度	果面无泥土、污物及其他杂质	果面基本无泥土、污物及其他杂质	果面无明显的泥土、污物及其他杂质
色　泽	具有品种固有的色泽，整个果面色泽均匀一致	具有品种固有的色泽，整个果面色泽基本一致	基本具有本品种固有色泽

续表 9-1

项　目		等　级		
		一　级	二　级	三　级
果面缺陷	机械伤、虫伤、病斑、日灼、风磨、畸形、自然裂口	不允许	允　许	允许有轻度的日灼、畸形和风摩果，其他缺陷不允许

笔者认为，《猕猴桃贮藏技术》（NY/T 1392—2007）中对猕猴桃贮藏果实分级时单果重要求较高，长期以来我国猕猴桃生产和销售中，个别果农为片面追求眼前利益，高浓度蘸用膨大剂来增大果个，却没有相应地增施肥料，使得成熟果实的品质和贮藏性大幅下降，降低了猕猴桃果品的市场竞争力，同时也引起了树龄老化加速等问题的出现。所以，我们在制定分级标准时，一定不能把单纯的单果重作为各个等级果分级的重要指标，力争在商品果的各项指标上均同国际接轨，向高标准看齐，以质量取胜。另外，我国猕猴桃产业早采现象比较严重。有必要对该标准进行修订，对贮藏果实分级进行重新划定，对采收适期指标进行详细研究，以使果农在生产中规范操作，促进果实安全生产，提高消费者的消费欲望。以上问题必须引起重视，才能有利于我国猕猴桃产业的健康发展，使我们更快地同国外先进的猕猴桃产业相抗衡。很多消费者曾经问过我们，为什么国产猕猴桃不好吃，进口的猕猴桃好吃？主要原因就是盲目乱用药剂，加上不规范的早采。

（五）包　装

猕猴桃果品的包装应具有以下 5 个方面的作用。

第一，猕猴桃果实为浆果，怕摩擦、碰撞、挤压，所以要求包装物要有一定的抗压强度。

第二，猕猴桃果实有后熟阶段，常温下贮藏性能较差，对乙烯又极为敏感，要求包装材料对气体有选择透性，并便于延长后熟期和催熟两种技术的实施。

第三，猕猴桃果实为容易失水类型的鲜活体，要求包装材料要有一定的保湿性能，又能兼顾其呼吸，以免其缺氧呼吸，发酵变质。

第四，猕猴桃含有较多的维生素C和蛋白酶类，一次不宜食用太多；因常作为礼品赠给他人，故包装不宜太大。包装要有艺术性，美观、大方、漂亮，底色图案要突出猕猴桃的特色。

第五，即是要体现出商品性，注册商标、价位、果实的规格（等级）、重量、数量、品种名称、生产者的名称、产地、经营单位、出库期、保质期、食用法、营养价值、甚至绿色程度（包含绿色水果所规定的各种有害物质的量）、联系电话等，都要明确标出。真正做到货真价实，质量取胜。做到竞争中求生存，发展中创名牌。

如果采用先包装后贮存方式，则包装与分级应同时进行，流水线作业。新西兰的分级包装线是，一条分级线上按垂直方向连接8～9条包装线，每条包装线上包装一个规格（一个级别）的果实。新西兰外销猕猴桃果实的包装为托盘式。果实依次入果窝，单盘果窝摆满后，盖上聚乙烯塑料薄膜，换另一托盘。托盘由木板、硬纸板或硬塑料板制成10～15厘米深的托盘，里面衬以薄塑料或纸果盘，果盘为预先按不同级别果实大小和数量压好果窝、排列整齐的四方形凹凸板，装果时再铺以聚乙烯薄膜袋，将果品隔袋整齐一致地平放到每个果窝里，最后再盖上瓦楞纸和硬纸板制成的双层盘盖。

目前，我国对猕猴桃果品还多采用手工包装。较好的包装有硬纸箱和塑料箱：有仿新西兰托盘式的；有采用“礼品盒”式的；还有2～10千克的果品散放箱装式包装，一层果垫一层硬纸板放置的。笔者认为，猕猴桃高档果品采取大包装套小包装的方式更适宜。即用透明硬塑料压制成2～8个果实的、带果窝的小包装盒

(仿一次性快餐盒),再按不同大小的外包装,将 2～8 盒装一箱。这样既能保证果品在不断倒手过程中,免遭或少遭损伤,减少果品贮藏期的病害传染,又能让消费者根据每日或每次需用量选购。

二、果实贮藏

猕猴桃属浆果类,容易后熟。刚采下的硬果想吃吃不成,等到变软能吃时又会因吃不完烂掉。所以,开发新型高效、实用的保鲜技术和保鲜材料正成为猕猴桃领域亟待研究的热点。只有贮藏设施和保鲜技术相配套,才能保证猕猴桃能长时间、小批量地供应市场。研究表明,贮藏性与猕猴桃种类、品种、树龄、果实成熟度及生长的立体条件有密切的关系;同一品种,不同大小之间也存在贮藏性差异。现代猕猴桃主要栽培类型中,一般贮藏性是美味猕猴桃贮藏性好于中华猕猴桃,软枣猕猴桃较差;同一品种的大果实,比表面积较小,水分蒸腾作用弱,失重也较慢,因此比较耐贮藏。

(一)去除田间热

猕猴桃低温贮藏前必须进行预冷去除"田间热",否则严重影响贮藏性。刚采收的猕猴桃果实带有大量的田间热,呼吸、代谢等生理活动旺盛,易自发催熟;同时,若不预冷直接送入冷库,内、外30℃左右的温差会造成果实水分的快速蒸发、失水皱缩、生理活动紊乱、过激冷冻伤害,以及果面凝水,从而增加病原菌繁衍、侵入果实的机会。

正确的预冷方法应该是果实采后早入库,快速预冷,降低果实表面温度。预冷方法主要有冷气预冷、水冷和风冷。

1. 冷气预冷　有预冷室的,可给予 0.75 升/(秒・千克)流量的冷空气,经 8～10 小时将 25℃～30℃果温降至 3℃～4℃,然后运入冷库。

2. 水冷　没有预冷设施的，可将果实放入冷水里冷却，冷水以7～10升/(秒·米^2)的流量流动，大约25分钟就能使果实温度从20℃降到1℃。本法降温很快，而且对果实水分不会有消耗；缺点是果实在包装前需要风干，若带水包装，容易使果面上的病菌孢子萌发而引起贮藏期病害；并且湿果影响果实外观。水冷常与风冷结合应用。

3. 风冷　在果实包装线的输送带上设一冷气槽，用0℃～－1℃冷空气，以3～4米/秒速度从槽中流过，从而冷却输送带上的未包装果实或已入盘但未加盖的果实。此法一般可以在30分钟内使果实冷却到1℃左右。

不过，果实去除田间热最好进行阶梯式降温，经15℃、10℃到5℃预冷后，再按目的温度进行贮藏。我国农村个体生产的农户目前还没有专门的预冷设备，一般利用自然冷源，如防空洞、窑洞、白昼夜晚的温差，以及抽风机等，也能起到一定的预冷效果。

（二）防腐处理

果品贮藏前进行防腐处理可明显降低果品在贮藏过程中发生软腐病、青霉病等贮藏期病害发生的可能性。

每批入库果实必须在8小时内用防护性杀菌剂氯硝胺(DVNA)、抑菌灵等及时杀灭寄生在果实表面的病虫害及真菌微生物。入库结束的贮藏初期应用熏蒸防腐剂、二氧化硫释放剂、二氧化氯、克霉灵等以气体形式抑制或杀死果实表面的病原微生物。贮藏期间应使用抑菌剂扑霉灵、双胍三辛烷基苯磺酸盐和异菌脲杀菌剂等药剂，交替20天左右1次。各类药剂均要按说明书科学使用。

热处理技术由于对消费者和环境具有高度的安全性，目前已成为化学杀菌剂保鲜的替代手段之一。新西兰用含2% O_2、5% CO_2、99%相对湿度的40℃热空气处理猕猴桃6小时，并结合气调贮藏，有效地控制了猕猴桃贮藏过程中的病虫害。

(三)果实贮藏

冷藏用包装箱为长50厘米、宽35厘米、高21厘米的木条箱，木条间隔0.8厘米左右，木条宽3～4厘米，内壁光滑平整。贮果木条箱耐压强度要求在500千克，分级后的果实按三层轻摆于箱内。每箱装果量约为12.5千克，箱外贴上标有品种、产地、净重、等级项目的标签。

冷藏果箱，码高2～4层，码宽1.5～2米，两排堆码间留人行道1.5米宽。冷藏果严禁用不透气塑料膜、袋装盛。冷库一般3～5天换气1次。用海绵砖吸足高锰酸钾液分散放于冷库，可除去部分乙烯，对延长贮期有一定作用。贮藏中应定期检查果实并上下调换堆码位置。具备条件的机械制冷库可启动温度自控装置，库温美味猕猴桃0℃±0.5℃，中华猕猴桃1℃±0.5℃。整个冷藏过程中均应严格避免温度的上下波动。

1. 冷库贮藏 冷库贮藏猕猴桃的具体操作如下。

(1)*库房准备* 库房在贮藏前及贮藏中均用硫磺熏蒸法消毒。入库前2～3天，按20克/米^{3}的量熏蒸24小时，然后密闭库房。入库后立即熏蒸40～60分钟，用量为4克/米^3，以后每隔20～30天熏蒸1次，每次硫磺粉用量均为3克/米^3，时间40～60分钟。熏蒸时应密闭库房，关上进、出气孔，到时间后打开通风换气。包装用的塑料袋用0.5%高锰酸钾溶液浸过，再清水洗净，晾干后备用。同时，对制冷设备检修并调试正常。

(2)*预冷、包装及处理* 库房应根据需入库果实种类贮藏温度要求提前3～5天降至目的温度、使库房充分蓄冷。将经防腐处理及预冷的果实放入0.03～0.05毫米厚的聚乙烯袋中，袋的大小为50厘米×35厘米×15厘米，每袋装果2.5千克；或将果实用筐盛装，筐内衬塑料袋，果实放在塑料袋内；或直接放在筐内，用大塑料袋套在筐外。一般每筐盛装15千克，装塑料袋可延缓果实变软，减少轻耗。当天进库量大时，应将果实分散在几个垛位上码放，以便果实散热散温，货垛应按产地、品种、等级分别堆码并悬挂标牌。当果温接近库温时，在袋内装入乙烯吸收剂，其制法为：将蛭石、碎砖块等具有多孔、吸水性强的干燥材料，投入高锰酸钾饱和溶液中10～15分钟，取出晾干，装在纱布包或刺有许多小孔的塑料袋中，乙烯吸收剂的用量为鲜果重的2%～3%，乙烯吸收剂放入贮果的袋、筐中后，密封袋口。猕猴桃果实皮薄，富含水分，表面角质层薄，皮孔多，90%左右的水分从表皮蒸发。因而，猕猴桃贮藏环境相对湿度就尽量处于饱和状态。贮藏前期应将库内相对湿度控制在95%～98%；贮藏中、后期库内相对湿度控制在90%～95%。此法可贮藏鲜果3～4个月。

2. 气调贮藏 贮藏猕猴桃果实乙烯浓度应小于0.2毫克/升，CO_2含量3%～5%，O_2浓度2%～3%。最适空气相对湿度应控制在90%～95%。低于90%果实易失水皱皮，高于95%致病菌容易侵入。美味猕猴桃最适贮藏温度为0℃±0.5℃，中华猕猴桃为1℃±0.5℃。贮藏库温不得低于－1.5℃，以免发生冻害，失去商品价值。温度在猕猴桃的贮藏过程中有着至关重要的作用，始终维持低而稳定的温度是猕猴保鲜成败的关键，频繁的温湿度变化对贮藏的危害是致命的。在新西兰，猕猴桃气调贮藏的条件为3%O_2＋3%CO_2，或2% O_2＋5% CO_2，0.5℃～1℃，并设置厚0.13～0.25毫米的聚乙烯薄膜帐。美国研究认为，猕猴桃的最佳气调条件为0℃、2% O_2＋5% CO_2，同时尽可能地排除乙烯。

3. 通风库贮藏 通风库贮藏是利用自然冷资源，即白天和夜晚的温差来降低库内温度的一种贮藏方式。通风库的贮藏效果受大气温度的影响很大。一般选择地势较高，阳光不直射的阴凉地段建库。库向朝北或东北，其余三面荫蔽最好。常用的为远门端有通风道的半地下式土窑洞，可以节约投资，利用地下地面温差，效果较好。李嘉瑞等报道，通风库在贮藏果实之前于早上通入自然冷气降温后，再放入露天下静置一夜的果实（去掉田间热），保持相对湿度80%～85%。在陕西贮藏美味系统品种4个月后，好果率为87%、维生素C保存率为80%以上，失水率低于5%。

4. 地窖贮藏 利用地窖贮藏红薯（白薯）、马铃薯、苹果等有较长的历史，并积累了许多经验。这些经验也应用于短期贮藏猕猴桃果实。不同的是，贮藏猕猴桃果一定要留有通风气道口，以利用自然冷源换气降温。

5. 聚乙烯薄膜加"保鲜剂"常温贮藏 这一方法适于家庭内短期贮藏猕猴桃。一般用0.4～0.5毫米厚的聚乙烯塑料袋，加吸有高锰酸钾的纸箱，在尽可能阴凉的地方保湿贮存即可。

三、果实运输

猕猴桃果实采收后仍是一个活的有机体，进行着呼吸作用等各种生命活动。果实运输包括从果园到包装厂，从包装厂到贮藏库，以及从贮藏库到销售地。

一是入库前运输，特别是从田间到包装厂的运输不能用拖拉机。此阶段果实散装，道路不平整时，会使果实间碰撞和摩擦，造成损伤。田间土路，应以人力挑运为主，且要轻起轻放。柏油、水泥路上用电动车或电瓶车低速运输，以防乙烯污染。同时，果箱在车内应码成花垛，以便通风散热。

二是出库后运输，一般为长途运输。最好采用集装箱和冷藏车运输。如用纸箱包装运输，则箱不宜太大（10千克以下），堆叠不宜太高，以防压坏果品。猕猴桃外运车辆装卸是一个重要作业，也是引发果实腐烂损耗的重要因素，所以一定要做到轻拿、轻放、轻装、轻卸。装卸车时严禁人员任意踩踏果箱。出库后运输车辆必须做好防热、防冻的工作，一般猕猴桃适宜贮运温度为0℃～

5℃，最低不得超过−1.8℃，在外运输期间温度不能波动太大。控温运输时，要让每件货物均可以接触到冷空气，确保货物中部及四周温度均匀；防止货物中部积热及四周产生冻害。同时，货物不应直接接触车的底板和壁板，货件与车底板及壁板之间留有间隙。对于低温敏感品种，货件不能紧靠机械冷藏车的出风口或加冷冷藏车的冰箱挡板。因此，应尽量做短距离运输，以减少运输时间。

四、销　售

目前，销售形式主要有以下五种。

一是与国内大中城市果品公司、企事业单位、宾馆、大型综合商场、量贩等联系合同收购，或建立定期、不定期供货关系。

二是在大、中城市能提供销售场地的批发市场联系货位，自己组织运输、销售队伍，自行销售。

三是在各种广播、电视台做广告宣传；并在各大城市和人口密集地方设立推销供货站，有求必应，并负责售后服务（传授催熟技术等）。

四是与外贸部门联系出口，或者以县、地区为单位，自己组织出口。现在各级政府对于出口均给予大力支持，鼓励个人或单位直接对外贸易。

五是上网销售，在网上设立账户，网上做交易后送货上门。网上交易目前没有国界限制，是将产品推向世界的最简捷途径。诸如意向、协议、委托、信用、交易、付款等环节，都可以在网上完成。甚至交货也可在网上办理委托。

五、催熟办法

刚采收的猕猴桃果品零售前或购买后，需经催熟处理，消费者买到果实后才能享用。对于美味猕猴桃果品，常用催熟办法有以下 4 种。

一是用乙烯利 1 000 毫克/升浸果 2 分钟，处理后在 7～14 天能达到食用状态。

二是逢年过节大量处理果品时，将果品暴露在乙烯浓度为 100～500 毫升/升的房间内，于 15℃～20℃条件下放 3～7 天。

三是整箱销售时，送一张吸附乙烯利滤纸。

四是提醒消费者，将 2～3 个苹果或香蕉等乙烯释放量大的水果，放于猕猴桃塑料袋内，封口 2～3 天，即可食用。猕猴桃在冷库存放一段时间之后，一般出库后 3～5 天会自然软熟，无须处理。

第十章 猕猴桃休闲果园建设

一、休闲果园的概念

休闲果园的概念是从观光果园的概念逐渐演变而来的。休闲果园被认为是以果园生产和经营为基础,结合具有一定特色的果园资源与环境、农村文化及农家生活,开展观光娱乐、科普教育、参与体验、休闲度假等旅游活动的场所,是果业转型的一种方式,并与相关产业形成互动的休闲农业的一种类型。

二、国内外休闲果园发展现状和趋势

(一)发展现状

休闲果园是在农业观光的基础上发展而来的。现在越来越多的国家在不断地提高果业生产的同时,大力进行果业旅游资源的开发,形成了传统休闲果园、都市型休闲果园、科技型休闲果园、奇异型休闲果园等多种休闲农业经营模式。

美国主要是在苹果、葡萄、西瓜、蓝莓的成熟季节,招揽游客去摘果品尝,观看果园景色,休闲、度假。法国巴黎城郊则建有许多以葡萄为主的休闲果园,很多葡萄园和酿酒作坊都是对外开放的,游客不仅可以参观和参与酿制葡萄酒的全过程,而且可以在作坊里品尝,在作坊里亲自酿酒并将酿好的酒带走,享受与城市商店里买酒不一样的自然乐趣,这些葡萄园和酿酒作坊的旅游收入往往高出他们单纯出售葡萄和葡萄酒的收入。日本也是较早研究休闲果园的国家之一。在日本，果园水果品种较多，有苹果、柑橘、葡萄、梨、草莓和樱桃等，采用先进技术生产绿色优质果品，以体验采摘优质新鲜水果尤其是寻找和推荐品质特别的水果的活动以吸引市民眼球，并让游客参与新鲜水果现场加工，通过观看、学习、品尝、体验和购买等活动，使果园生产经营与市民休闲旅游有机结合。有的休闲果园还提供市民参与果树管理劳动，如种植、施肥、修枝和疏果等。在经营模式上，有独立经营，有连锁经营，也有与旅游业者联合经营。休闲果园除了提供优质水果外，消费者还能轻松地买到当地土特产。休闲果园建设大都得到当地政府的大力扶持，在地图和公共宣传册上，外地游客都能清楚地了解到当地休闲果园情况。

我国台湾地区在 20 世纪 70 年代逐渐达到中等小康生活水平，人们的生活方式和消费方式由劳动型转向休闲型后，陆续将果园、农场于农闲或假日对外开放，让社会大众参与，于是休闲果园在台湾出现经过单一果园、多类果园、主题式果园和整合式果园 4 个阶段的发展。目前，休闲果园已遍布全岛，水果种类繁多，包括香蕉、葡萄、桶柑(蕉柑)、荔枝、龙眼、杧果、草莓、文旦柚和番荔枝等，在采收季节对外开放，让游客入内观景、摘果、尝果，参与鲜果加工果汁、果饼或果茶等活动，享受田园风光和劳动乐趣。台湾的休闲果园经营模式日趋成熟，已发展成为集精品生产、休闲体验、生态旅游、科普教育、娱乐保健、社会交往等多功能综合开发的场所，使果树资源及生态资源有效地转化为旅游资源，促进了果树生产与旅游业的结合。

大陆的休闲果园最早于 20 世纪 80 年代后期率先在北京兴起。2009—2012 年，北京市先后建设了主题公园型观光果园 50 个、农庄型观光果园 50 个、休闲体验型观光果园 50 个、科研科普型观光果园 50 个、其他类型观光果园 40 个，为市民提供形式多样、管理规范、内容更加丰富的活动项目。从 20 世纪 90 年代以来，其他很多地区，随着人民生活水平提高，也根据自身的资源条件和优势建立了各种类型、各具特色的观光果园，初步打响了品牌。如四川省成都市龙泉万亩观光果园以“春季赏花、夏秋采果、冬季健身”的四季特色生态农业旅游而闻名，拥有丰富的花果资源、良好的生态环境和完善的基础设施，推出“赏桃花、当果农、栽果树、摘鲜果、钓鲜鱼、爬青山、做农家活、吃绿色食品”等系列活动，其鲜明特色为“四季花不断，八节果飘香”。南宁市的金满园休闲观光果园是广西壮族自治区农业旅游示范点，有桃园、青枣园、香蕉园、杨梅园、荔枝园、杧果园、火龙果园和番石榴园等果园 29 公顷，可供游人采摘品尝，有生态养鱼池、优良甘蔗品种繁殖区与香蕉套袋生产车间供游人参观；还建设了钓鱼场、烧烤城、棋牌室、儿童乐园和知识长廊供游人休闲娱乐；有设施齐全的篮球场、羽毛球场、乒乓球场和标准的游泳池供游人健身；还建设了现代化培训大楼及宾馆。都江堰市青城镇“青城红阳猕猴桃、青城绿茶基地”已成为全国首批农业旅游示范点。另外，还有福建漳州的花卉、水果大观园；厦门华夏神农大观园；山东枣庄石榴园；海南亚珠庄园等，项目独特、条件优越，不仅为人们拓展了更广阔的游览空间，而且为农村现代农业的发展和农民致富开辟了新的途径。据介绍，目前广东省已有 80 多个观光果园，每年接待游客 400 多万人，收入达 10 多亿元。

(二)发展趋势

从目前国内外休闲果园的发展现状来看，休闲果园已经不仅仅只停留在观光以及提供采摘服务上，还同时为旅游者提供吃、住、娱乐、生态体验、田间劳作、农耕文化教育与展示等多方面的服务，充分发挥了农业多功能性的特点，使得休闲果园从单一型的服务向综合型服务拓展。因此，将环保、特色、科技与休闲果园结合起来，将是今后休闲果园发展的重要趋势。随着经济的发展，回归自然的呼声越来越高，保护环境、维护自然的意识不断增强，这既是休闲果园得以兴起和发展的源泉，也是休闲果园赖以存在的根本。因此，在建设和经营上，要注意体现休闲果园特色，突出果园风貌和丰富乡土文化内涵，显现其独特的风貌。

三、休闲果园模式

从休闲旅游的主要开发模式来看，休闲果园主要包括以下三种模式：

（一）观光果园采摘型

休闲果园，其最初的形式是观光果园。观光果园采摘型休闲果园发展模式，是指以果树的观赏特征及生产经营为基础，以必要的园林景观、休闲设施或餐饮住宿为配套，以农村文化及农家生活为背景，集果品生产、休闲旅游、观光体验、科普示范、娱乐健身于一体的自然风光、人文景观、乡土风情和果业生产相融合的场所。它适合的客源相对较广，以近距离、家庭式出游为主体。随着城市化进程的加快和人民生活水平的提高，市民不仅需要享用新鲜优质安全的水果，而且产生了采摘果实、体验劳动、亲近自然、娱乐健身等需求，观光果园也因此应运而生。它不仅可以促进水果消费，而且可以满足消费者多方面的需求。观光果园是休闲果园的主力军。观光果园是生态农业、立体农业和循环农业的综合体，是以现代果业和旅游业为依托的一种新兴产业，促进果实的综合开发利用，实现果业的多次转化增值。应大力推进传统果园向观光果园的转型升级，应用现代果业的先进科技，发挥各地历史文化积淀和山水风光资源优势，加大资金投入，建设具有地域特色、个性特色的观光果园。

(二)农务参与型

农务参与型休闲果园发展模式，是一种以农民为经营主体，充分体现“住农家屋、吃农家饭、干农家活、享农家乐”的发展模式。因此，它的经营对象主要是近距离城镇的都市居民，利用双休日去消除身心疲劳、逃避都市烦嚣的一种常设旅游项目。此类经营模式投资不大，接待成本低，游客的花费也较少。参与体验模式是休闲果园发展到一定阶段的产物，主要是为了让旅游者通过亲身参与的方式，体验不同的生活方式，从而让旅游者产生独特的认知与满足感，充分享受到农村生产与生活的乐趣，愉悦身心。例如，采摘园就是一种典型的农务参与型休闲果园形式。

(三)科普教育型

科普教育型休闲果园发展模式，是一种在果园科研基地的基础上建设、利用科研设施作景点、融入现代审美观念的特色型发展模式。这种发展模式对果树工作者进行实地作业、对中小学生进行教学实习等均有十分重要的意义。科普教育模式是休闲果园发展的较为高级的阶段，在一些发达国家较为普遍。例如，中国农业科学院郑州果树研究所的所内资源圃已成为了该所附近一些中小学生的科普教育基地。

四、猕猴桃休闲果园发展的现状及潜力

(一)猕猴桃休闲果园建设的现状

纵观国内外，猕猴桃作为休闲果园题材使用有以下几种形式。

1. 生态廊架 生态廊架是园林景观中主要的建筑小品之一，是观光果园特有的绿色通道，往往第一眼就能征服游览者的眼球。

果园属于垂直绿化，不仅使环境显得更加整洁美观、生动活泼，而且占地少、见效快、绿视率高，既能满足园林绿化设施的实用功能又能美化环境，与周围自然景观相呼应，还能带来丰厚的经济回报；而藤本猕猴桃还可在其开花期观花。在炎炎夏日穿行其中，既有浓密的枝叶爬满藤架，为游人挡风遮阳，令人心旷神怡；同时，又有果实挂满枝头，让人垂涎三尺，别有一番味道。果实成熟期，也可让游客游憩其间，亲自参与采摘，体验乡土乐趣。

2. 生态停车场 生态停车场在停车场基础上实施，充分利用土地资源，属于节地型绿化建设。它能增加人在车内的舒适感，有利于人体健康，同时还能减少汽车燃油的消耗，有利于机动车的安全运行和环境保护。而攀爬上架的繁茂枝叶为车辆遮阳蔽日的同时，也造就了几分园林之美。

3. 房前、屋后的庭院装饰 猕猴桃病虫害少，很适宜庭院式装饰题材使用。房前、屋后常可见到果树的身影，其不但美化了居所，而且给人一种体验自然美的快乐。夏季猕猴桃攀满棚架，叶片色泽翠绿，果实诱人、无公害，各种果色及成熟期的品种穿插其中，饭后小憩，在棚架下观赏品茶，悠然自得。

4. 绿色生态餐厅 户外简易绿色生态餐厅是把用餐地点安排在户外环境优美、绿树成荫、花团锦簇，或水面上、水体旁等地方，利用生态廊架可提供活的绿色顶棚，同时依附其上的猕猴桃等藤本果树的硕果挂满枝头，给人以美的享受，再结合假山、水系、多种观赏植物等景观元素，全方位立体展现绿色、优美、宜人的就餐环境。猕猴桃无论是满树繁花、奇特枝干，还是累累硕果，经过精心配置后均可成为一景，吸引游览者的目光，形成焦点。

（二）猕猴桃休闲果园发展的潜力

猕猴桃种质资源具有丰富的遗传多样性。例如，花瓣颜色有白色、黄色、粉红色等多种类型；果实形状包括圆形、椭圆形、长圆柱等十余种类型;果肉颜色有绿肉、黄肉、全红、髓红四种类型;果皮颜色有绿色、黄色、橙色、红色等十余种类型;果实和枝条的被毛状态有无毛、茸毛、绒毛、硬毛、刚毛、糙毛等多种类型。另外,猕猴桃多数种类的花朵较大、香气浓郁,果实挂果期长,叶形丰富,枝条婀娜多姿,是容易造型的藤本果树植物。而且,猕猴桃具有果实营养价值高、生长期病虫害很少、经济效益高等特点,显示出在休闲果园发展方面具有不可估量的潜力。

随着猕猴桃新品种选育力度的不断加大,几个新型的猕猴桃新品种陆续问世。例如,中国农业科学院郑州果树研究所选育的全红型猕猴桃天源红、红宝石星 2 个品种,具有特异、新型、高营养、即食型、丰产、优质、成熟间隔期长、适合无公害生产等优点,已成为新型休闲果园开发市场上的一颗璀璨的明珠。另外,原产于东北地区的软枣猕猴桃也具有上述特点,所不同的是果皮、果肉均为绿色,也将成为猕猴桃产业新型的开发亮点。